수학인문학
지오지브라
수학교실을 말하다

지오북스

**지오지브라
수학교실을 말하다**

초판인쇄	2018년 07월 01일
초판발행	2018년 07월 01일
지 은 이	김경용 김동석 박희정 주재은 장윤정 조운상 전수경 최경식
발 행 처	(주)이모션티피에스 TEL : 02-2263-6414 / 홈페이지 : www.emotiontps.com
펴 낸 곳	지오북스
주 소	서울시 중구 퇴계로41길 39, 3층 302호(정암프라자)
등 록	2016년 3월 7일 제395-2016-000014호
전 화	010-2204-4518 ｜ 팩스 02-371-0706
이 메 일	emotion-books@naver.com
홈페이지	www.geobooks.co.kr

ISBN 979-11-87541-28-8
값 15,000원

이 도서의 국립중앙도서관 출판예정도서목록(CIP)은 서지정보유통지원시스템 홈페이지(http://seoji.nl.go.kr)와 국가자료공동목록시스템(http://www.nl.go.kr/kolisnet)에서 이용하실 수 있습니다. (CIP제어번호 : CIP2018017914)

이 책은 저작권법으로 보호받는 저작물입니다.
이 책의 내용을 전부 또는 일부를 무단으로 전재하거나 복제할 수 없습니다.
파본이나 잘못된 책은 바꿔드립니다.

추천의 글

최근 교육의 가장 큰 변화는 교사 중심의 수업에서 학생 중심의 수업으로 바뀌는 것이다. 그리고 이러한 변화에서 가장 중요한 교사의 역량은 학생과의 의사소통이다. 지오지브라는 혼자서 문제를 푸는 수학으로부터 서로 생각을 나누고 발달시키는 학습공동체의 가상공간을 제공해 준다는 점에서 매우 혁신적인 교과 도구라고 생각한다.

이 책을 만든 최경식 선생님의 글 중에 '모든 수업 상황에 맞는 지오지브라 자료의 개발을 요청하는 교사에게 그것은 스스로 만들 수밖에 없다고 답한' 부분은 지오지브라의 특성을 잘 보여주는 것이라고 생각한다. 우리는 동일한 교과서로 수업을 하지만, 모든 교사는 모두 다르게 수업을 한다. 더욱이 동일한 선생님의 수업을 듣고 학생들이 모두 다른 형태의 학습을 한다. 이것이 학습의 실체이다. 그렇다면 중요한 것은 "표준화된 지오지브라 자료"가 아니라, 각자 자신의 생각을 발달시키는 능력을 갖추고, 자신의 생각을 자유롭게 공유할 수 있는 가상의 학습 공유 공간을 만드는 것이다. 지오지브라는 온라인의 자료 공유 클라우드를 통해 학생들과 교사의 수학에 대한 생각을 의사소통 하고, 개선하고 발전시킬 수 있다.

'퍼셉트론(1970)'이란 책으로 인공지능 연구를 시작하고, 최초의 어린이용 컴퓨터 코딩 프로그램 '로고(1968)'를 만들었으며, 창의에 대한 혁명적 교육철학서 'Mindstorm(1980)'의 저자인 페퍼트 교수는 프로그래밍이야말로 아이들에게 "각자의 생각에 대해 생각하는 길 (way to think about their own thinking)"을 열어줄 수 있는 효과적인 학습법이라고 주장하였다. 그는 거북이의 움직임을 선분으로 표현하여 삼각형 등의 도형과 기하학의 개념을 동적인 움직임으로 이해할 수 있게 하였다. 이를 통해 한 지점에서 다른 지점으로 나아가는 데는 무수한 경로가 있다는 인식론적 다원론, 무수히 잘못 가더라도 수정하면 되고 그 과정에서 새로운 걸 배우게 된다는 코딩과 디버깅의 가치, 스스로 점점 더 어렵고 복잡한 경로들에 도전하는 즐거움(hard-fun)의 중요 성을 강조하였다.

아이들은 지식을 구성하는 주체로서, 가르침을 받을 때보다 직접 만들고 구성할 때 성장한다. 스스로 사고하면서 개념을 확장하고 그 과정을 통해 어려움의 재미(hard-fun)를 깨달아가는 것이 진정한 학 습이다. 전수경 선생님의 글 중에는 "포상이 큰 대회도 아니었고 수 상 실적이 중요한 시기도 아닌데 왜 학생들이 저렇게 열심히 하는지 궁금하였다."는 부분이 있다. 나는 그 글을 보면서 학생들이 열심히 하게 된 이유는 아마도 자신만의 작품을 만들고 그것을 공유할 수 있는 장을 통해 서로의 배움을 공유하고 어려움의 재미를 깨닫게 되었기 때문이라고 생각한다. 지오지브라를 활용한 수업을 통해 경직되고 수동적인 수업으로부터 능동적인 학습자 중심의 수업으로 바뀌게 된 것이다.

특히 지오지브라는 3차원의 시각적 관점을 제공하고 작동을 통해 움직임을 파악할 수 있는 장점을 가지고 있기 때문에 2차원 평면에서만 갇혔던 사고의 한계를 넘어서게 해준다. 과학의 혁명을 일으킨 뉴턴은 그리스 시대부터 지속되어 온 정적인 세계관보다는 동적인 관점에 관심을 가지고 행성과 달의 움직임, 밀물과 썰물의 변화, 떨어지는 사과 등 거의 모든 자연물의 움직임을 표현하는 법칙을 찾았다. 지금까지 학생들에게 수학이 정적인 대상이었다면 지오지브라는 수학을 동적인 대상으로 생각하도록 만들어줌으로써 학생들이 스스로 수학의 원리들을 찾아내는 방법을 안내해 줄 것이다.

박희정 선생님의 글 중에 지오지브라가 학생들에게 효율적인 사고실험을 할 수 있는 교구를 제공해 주는 혁신적인 공학 도구라고 소개하는 내용이 있다. 스스로 생각하고 깨달아 가는 과정에서 학생들도 수학자의 눈으로 보며 이해한다면, 아름다운 수학에 대해 느낄 수 있게 될 것이다. 나는 교육의 궁극적인 목표는 배움의 즐거움과 배우는 학문의 아름다움을 깨닫는 것이라고 생각한다. 하지만 지금까지 교육의 목표는 명문대를 가는 수단이었다.

이 책을 만든 최경식 선생님의 가장 마지막 글 중에 "하나의 지식은 본래, 수학, 물리, 화학과 같이 분과적인 관점으로 존재하는 것이 아니라 다양한 관점이 결합되어 있는 것이다. 그 지식을 융합적 관점으로 바라보고 다양한 지식을 서로 연결하여 종합적으로 이해하는데 수학이 포함된다."는 문구가 개인적으로는 가장 맘에 들었다. 나 역시 오랫동안 화학교육을 전공하면서 만나게 된 생각이 바로 이것이었다. 이것이 아마도 최경식 선생님과 스승, 제자의 인연을 맺게 한 소중한 관점이었으리라 생각한다. 최근에 국내외에서 활발하게 이루어지는 STEM, 혹은 STEAM 교육의 방향도 이러한 관점으로 모아지기를 소망해 본다.

한국교원대학교 융합교육연구소장
백성혜

차 례

추천의 글		iii
01	프롤로그	1
02	지오지브라와 만나다 (주재은 선생님)	3
03	지오지브라로 상상에 날개를 달다 (장윤정 선생님)	11
04	지오지브라로 발전의 방향을 찾다 (조운상 선생님)	19
05	지오지브라와 함께 변화하다 (김경용 선생님)	25
06	지오지브라와 함께 성장하다 (전수경 선생님)	31

07	지오지브라의 무한한 가능성을 보다 (김동석 선생님)	49
08	지오지브라로 수학 교실을 바꾸다 (박희정 선생님)	63
09	노트 : 지오지브라 컨퍼런스를 마치고 나서...	67
10	노트 : 지오지브라와 함께 '말이 필요없는 수학'에 다가서다	71
11	노트 : 지오지브라와 함께 수학교실의 미래를 엿보다	79

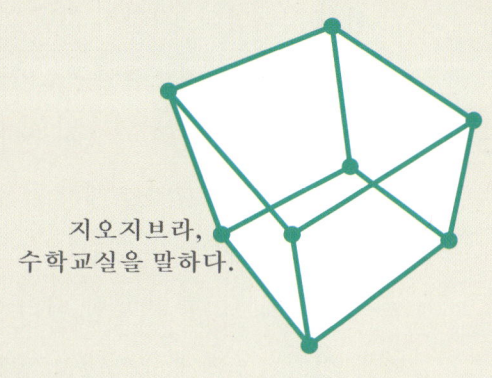

지오지브라,
수학교실을 말하다.

01

프롤로그

> 빨리 가려면 혼자 가라.
> 멀리 가려면 함께 가라.
> – **아프리카 속담**

> 지오지브라는 단지 소프트웨어가 아니라
> 수학을 사랑하는 사람들의
> 전 세계를 아우르는 커뮤니티입니다.
> – **마르쿠스 호헨바터 (지오지브라 창시자)**

  2008년 우리나라에 소개된 지오지브라(GeoGebra)는 이제 교사든 학생이든 한 번쯤 이름을 들어본 적이 있을 정도로 널리 알려지게 되었다. 이렇게 지오지브라가 퍼져나가게 된 것은 여러 선생님들의 도움으로 인한 것이었다. 시간이 지날수록 숨겨져 있던 능력있는 선생님들이 나타나 한국지오지브라연구소의 힘이 되어 주었다.

이제 우리나라의 지오지브라 사용자를 위해 애쓰는 선생님들의 진솔한 이야기를 들어볼 때가 된 것 같다. 그동안 지오지브라와 함께 해 온 여러 선생님들이 느꼈던 지오지브라에 대한 생각과 느낌, 학교 현장에서 지오지브라를 적용할 때의 어려움과 보람, 그리고 지오지브라를 다른 선생님들에게 소개했을 때의 기쁨과 같은 이야기를 들어보고자 한다.

이 이야기는 특별한 사람들에 대한 것이 아니다. 주변에서 흔히 볼 수 있는 수학 선생님의 이야기인 것이다. 하지만 그들이 수학을 즐기고 더 잘 가르치기 위해 선택한 지오지브라에 관한 이야기로 우리는 많은 것을 느낄 수 있다.

한국지오지브라연구소장
세종과학예술영재학교
최경식 (kyeong@geogebra.or.kr)

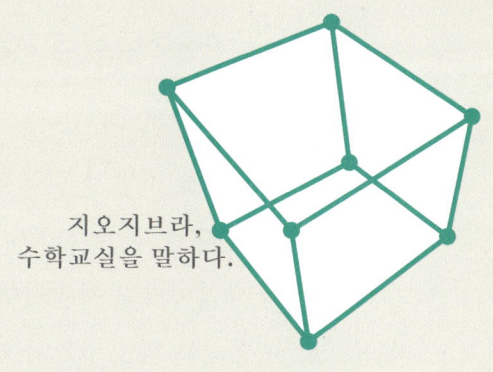

지오지브라,
수학교실을 말하다.

02

지오지브라와 만나다

지오지브라와의 첫 만남

지오지브라와 나의 첫 만남을 회상하면 2012년 1월에 열렸던 겨울 MF[1]로 거슬러 올라간다. 교사 경력의 첫해, 이 연수에서 지오지브라 워크숍에 참석하면서 처음 만나게 되었다. 생각해보면 그 당시 워크숍 프로그램 중에 체험수학과 관련한 것들이 빠르게 신청 마감되어 어쩔 수 없이 지오지브라 워크숍을 신청한 것이었다.[2] 그래도 지오지브라 워크숍 앞에 붙어 있던 말이 인상 깊었는지 아직도 생각이 난다.

---

[1] Math Festival의 약어로 전국수학교사모임의 교사 연수이다.
[2] 평소 공학프로그램에 관심이 많기는 했다.

GeoGebra, 모두를 위한 움직이는 수학

움직이는 수학? 도대체 어떤 프로그램이기에 이런 수식어가 붙어있겠느냐는 생각을 하면서 워크숍에 들어갔다. 당시 최경식 선생님이 지오지브라[3]에 대한 전반적인 내용과 기초적인 기능을 소개하였는데 수학을 하는 사람이라면 직관적이라고 느낄만한 구성환경과 역동적인 방식으로 구동되는 지오지브라 프로그램을 보고 신선한 충격과 함께 배워보고 싶은 욕구를 느꼈다. 특히 '슬라이더 바'를 통해 변수를 자유롭게 다루고 대수와 기하를 함께 다룰 수 있는 프로그램이라는 점, 명령어가 한글로 쉽게 구성된 점, 여러 교사가 개발자로 참여하고 있고 내 피드백도 받아들여질 수 있다는 점이 매력적이었다. 하지만 대부분 교사가 그렇듯 3월이 되면서 학교일정이 바빠졌고 지오지브라에 대한 기억은 내 머릿속에서 희미해져 갔다.

공학 연구회

사실 교사 경력 첫해에 학교에서 근무하면서 많은 좌절감과 전문성에 대한 회의감을 느꼈다. 그래서 전문성 함양을 위한 도전으로 여러 교사 연수 프로그램을 신청하게 되었고 2012년 1월 광주의 교사연수에서 알게 된 한 선생님을 통해 몇몇 광주 교사 연구회에 가입하게 되었다. 그중 하나가 수학교육공학 연구회였는데 그 당시에 주로 다루었던 프로그램이 GSP, Cabri 3D, Excel이었다. 연구회 선생님들과 같이 공부를 하다가 1월에 알게 된 지오지브라 프로그램이 생각이 났고 연구회에서

---

[3] 버전 4.2

다루었던 주제를 집에서 혼자 지오지브라로 구현하였는데 대부분 가능한 것을 확인하였다. 그 일을 잊지 않으려고 블로그에 기록하며 혼자 공부하다가 그해 6월에는 연구회 선생님들께 지오지브라를 소개하였고 모두 좋은 프로그램 같다며 같이 공부해보기로 하였다. 그러는 동안 ICME-12 학회의 날짜가 다가왔다.

ICME-12 학회와 지오지브라 학회 참석

2012년 여름, 코엑스에서 ICME-12 개막식 하루 전에 지오지브라 컨퍼런스(GeoGebra ICME Pre-conference 2012)가 열리는 것을 알게 되었고 연구회 선생님들과 함께 참가하기로 하였다. 이때 참석을 희망하는 메일을 보냈다가 갑자기 그동안 공부한 내용을 발표로 하기로 되어 개인적으로 큰 도전을 시도하게 되었다. 지금 생각해보면 내용은 많이 부족했지만, 최경식 선생님을 비롯한 다른 분들의 격려로 발표를 무사히 마칠 수 있었다. 그 자리에서 만났던 여러 교수님과 지오지브라 개발자들을 보면서 마치 연예인을 본 것 같은 느낌이 들었다. 컨퍼런스 내용도 무척 알차고 재미있었기 때문에 ICME-12 학회의 연수 프로그램을 마친 후 우리 공학 연구회는 본격적으로 지오지브라를 탐구하는 방향으로 선회하게 되었다.

지오지브라 연구회

공학 연구회라고 불리던 우리 연구회도 이름을 지오지브라 연구회로 바꾸게 되면서 연구회 선생님들과 본격적으로 지오지브라를 공부하기 시작하였다. 앵그리버드, 사이클로이드, 프랙털, 확률게임 등의

GeoGebra ICME Pre-conference 2012에서 발표하는 주재은 선생님

체험수학과 관련된 것부터 부등식의 영역, 삼각함수, 이차곡선과 같이 고등학교 수학과 관련된 내용을 구현 및 공유하였다.

2012년에는 지오지브라를 잘 모르는 사람들도 많았다. 이때는 프로그램의 수요가 폭발적으로 증가하기 전의 시점이라 조금 일찍 지오지브라를 공부했던 사람들에게 기회가 많았다. 여러 학회 참석을 통해 학교수학에서 지오지브라의 적용 방법을 꾸준히 공부한 우리 연구회 선생님들에게도 좋은 기회들이 많이 찾아 왔다. 2013년부터 여러 지역의 교사연수에 대한 요청이 많아 공부했던 내용을 바탕으로 다수의 교사연수를 진행하게 되었다[4].

교사가 되면서 느끼는 것이기도 하지만, 혼자 공부할 때보다 여럿이 공부할 때 더 많이 알게 되고, 공부만 할 때보다 가르치면서 더 많이 배우게 되는 데 지오지브라도 마찬가지였다. 선생님들의 다양한 피드백과 질문을 통해 많이 배우게 되었다.

2014년 1월의 광주 연수가 특히 기억에 남는다. 이는 처음으로 열린 지오지브라 중심의 30시간 연수였으며 대수 및 기하부터 미적분, CAS, 스프레드시트, 확률과 통계, 3차원 기하, 교사 실습 등으로 내용이 구성

---

[4] 1정 연수, 자율연수, 직무연수, MF 워크숍 등

되었다. 다양한 분야로 깊이 있는 연수를 구성하려고 노력을 하였으며 연수 내용이 알차고 재미있다는 평가를 받았다.

교원대 지오지브라 연구회와 콜롬비아 교사 연수 강의

2014년부터 교원대 파견 교사로 근무하게 되었다. 지오지브라를 꾸준히 공부하고 싶은 마음에 파견 교사와 대학원생을 대상으로 지오지브라 연구회를 만들어 공부하였다. 2014년과 2015년에는 지오지브라의 기능, 학교 현장에서 수업 활용방안을 연구회에서 함께 고민하였다.

이때 최경식 선생님의 소개로 2014년 여름(6월) 콜롬비아에서 진행하는 ICT 교사연수 강사로 참여하게 되었다. 이 연수는 콜롬비아 정부(교육부)에서 선도교사로 선발한 교사를 대상으로 진행하는 연수로 수학, 과학, 언어 등의 다양한 교과 교사에게 해당 과목에서 필요한 공학적 도구를 소개하였다. 이 연수에 참여한 콜롬비아 교사들은 자신의 지역으로 돌아가 그 내용에 대하여 전달 연수를 하게 되어 있었다. 콜롬비아의 수도 보고타에서 약 2주에 걸친 연수를 진행하면서 좀 더 넓은 시야를 갖게 되었고 여러 교사, 전문가와 교류할 수 있어 많은 것을 배울 수 있었다.

이후 대학원에 복귀하여 전문성을 채우고자 다양한 논문을 읽고 외국어 공부를 하면서 내실을 다지는 시간을 가졌다.

광주 연구회 활동과 광주수학축전 부스 운영

2016년 3월에 파견이 끝나고 다시 광주의 한 중학교로 복귀하였다. 중학교에 근무하면서 중학교 수학 내용에 지오지브라를 적용하는 방

지오지브라와 프랙탈에 관해 강의하는 주재은 선생님

안을 연구하기 시작하였다. 지오지브라 연구회와 더불어 뜻이 맞는 선생님들과 함께 '좋은 수학수업을 위한 과제개발 워크숍'을 모토로 하는 연구회(트리니티, Trinity)를 구성하였다. 이 연구회에서는 과제개발을 중심으로 배움 중심의 수업을 위한 다양한 시도를 하였다. 이 연구회에서 나의 역할은 다른 선생님들의 공학프로그램 사용을 돕는 것이었다. 특히 기하에서의 다양한 예제를 제작 및 공유하였다. 예를 들어 확률실험(동전 던지기, 주사위), 대수 막대(곱셈공식, 인수분해), 이차방정식, 이차함수, 회전체, 입체도형, 삼각형의 외심과 내심, 원의 성질 등과 같은 것이었다. 평소 수업에 적용할 수 있는 부분이 있으면 최대한 활용하려고 노력하였다. 주로 동기유발 자료나 본 수업자료로 활용하였지만 학생들이 직접 조작해보는 프로젝트 수업 자료도 있었다.

2014년부터 광주에서는 수학 축전이 진행되었는데 2016년도부터 지오지브라 체험 부스의 기획과 운영을 책임지게 되었다. 공학프로그램 부스를 운영하기 위해 노트북 대여, 배치, 프로그램 구성, 프로그램 운영 도우미 교육 등을 고려해야 했다. 이제는 노하우를 갖추게 되어 전보다

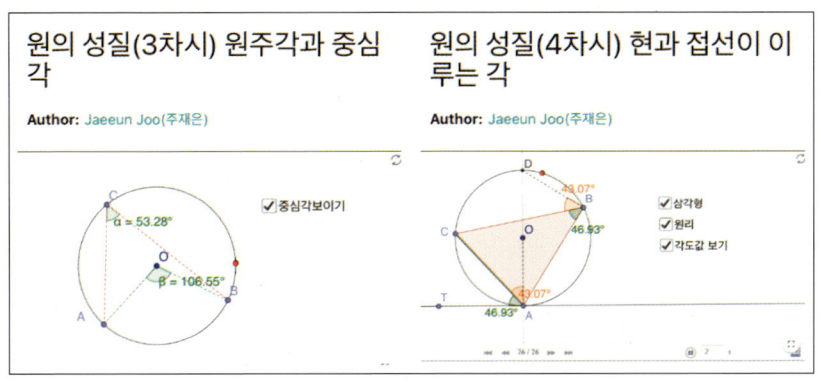

원의 성질 단원에서 지오지브라 예제

행사 준비를 잘 할 수 있게 되었다. 또한, 축전에 참여했던 학생들이 많은 경험을 하고 보람을 느끼는 모습을 볼 수 있었다.

지오지브라에 대한 나의 공부 방향

지오지브라를 6년 동안 경험하면서 느낀 것은 이 소프트웨어가 수학 공부에 있어 무척 효과적이라는 점이다. 지오지브라는 수학을 공부하는 사람들에게 직관적이게 구성되어 있기에 스스로 해결하기 어려운 수학 문제에 대하여 변수를 조작하면서 실험하기, 동료와 함께 수학 문제 소통하기, 수학 문제를 다수에게 전달하기와 같은 수학과 관련된 다양한 활동에 효과적인 도구로 활용될 수 있었다. 이는 나 자신도 직접 경험한 것이었다.

    수학은 귀납적인 학문은 아니지만 위대한 수학적 발견의 일부는 실험과 같이 귀납적인 방식으로도 이루어졌다. 지오지브라가 수학을 공부하거나 연구하는 사람들에게 그와 같은 발견을 하는 경험을 제공할 수 있다고 생각한다.

처음 지오지브라를 알았을 때는 다른 공학프로그램들이 교사들에게 더 익숙했지만 요즘 교사들에게는 지오지브라가 가장 익숙한 프로그램이 된 것 같다. 현재 지오지브라 홈페이지에는 많은 자료가 업로드되고 있다. 또한 지오지브라는 개발자들을 중심으로 시대의 변화에 적응하고 끊임없이 개선되고 있다. 이는 지오지브라가 마치 그 자체로 살아있는 유기체와 같다는 생각이 들게 한다. 이것이야말로 지오지브라의 힘이 아닌가 생각한다.

지오지브라와 관련하여 앞으로 공부하고 싶은 것은 수학 과제에 지오지브라 적용하기, 자유학기제에 적용할 수 있는 프로그램 개발하기, 핸드폰을 활용한 지오지브라 과제 개발하기 등이다. 앞으로 상당히 오랫동안 지오지브라를 공부하게 될 것 같다.

한국지오지브라연구소 광주팀장

신용중학교

주재은(mumaroma@geogebra.or.kr)

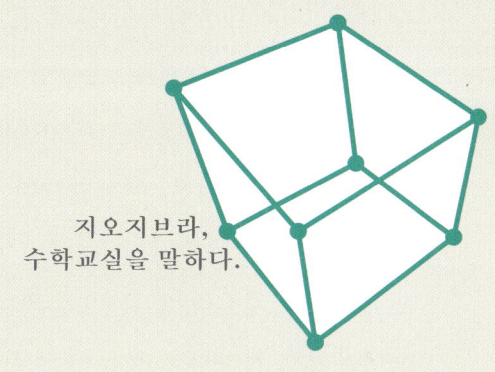

지오지브라,
수학교실을 말하다.

03

지오지브라로
상상에 날개를 달다

어깨 너머로 지오지브라를 처음 만나다

2015년, 임용 발령을 앞두고 세종 국제고에서 1년 동안 일한 적이 있다. 당시에 옆자리 선생님은 과목이 수학이었는데, 시간 나는 틈틈이 노트북으로 무언가 재미있는 것을 하는 것이었다.

"선생님, 뭐 하고 계세요?"
"아, 이거 지오지브라라고, 동적 수학 소프트웨어[1]에요. 함수나 도형도 그릴 수 있고, 3차원 기하도 그릴 수 있고요. 컴퓨터에서도 할

---
[1] Dynamic Mathematics Software

수 있고, 스마트폰에서도 쓸 수 있어요."

"와 대박 이걸 임용 공부할 때 알았으면 곡선이나 곡면 그리느라 그 고생은 안 했을 텐데… 이거 어떻게 하는 거에요?"

그러자 선생님은 '지오지브라 바이블'[2]이라는 책을 추천해 주셨고, 책의 예제를 하나하나 따라 하면서 사용법을 익히기 시작했다. 좌표평면에 자유롭게 도형을 그리고, 이걸 움직이면 어떻게 될까? 스스로에게 물어보면서 결과를 직접 눈으로 확인하고 대상에 변화를 주며 관찰하는 것은 그 자체로 놀이처럼 흥미로웠다.

지오지브라의 매력포인트 ① 쉽고 직관적이다

수업에 활용할 수 있는 더 많은 기능을 알고 싶어 '지오지브라 명령어 사전'[3]을 공부해 보았는데, 놀라웠던 점은 지오지브라가 기존에 수학 수업에 사용했던 공학적 도구와는 달리 함수나 기하뿐만 아니라 대수와 이산 수학까지도 활용 가능하다는 것이다.

또한 기능을 익히면 익힐수록 수학적 대상을 나타내는 것이 직관적이고, 특히 함수나 도형의 대수적 표현과 기하적 표현의 연결을 이해하기가 쉽다는 것이었다. 예를 들어 이차함수의 그래프를 지도할 때, 대수창과 기하창을 학생들에게 동시에 보여주며 a를 슬라이더로 만들고 점 (a, a^2)의 자취를 좌표평면에 나타내도록 하였다. 그러자 "아~~ 이래서 함수 그릴 때 점을 찍는 거였구나. 그래프는 그냥 직선 모양, 곡선 모양 같은 거로 생각했는데… 그래서 그래프가 점들이 모인 거구나"라며 한 학생이 이야기했다. 이를 통해 대수적 표현과 기하적

---

[2] 최경식 (2017). 지오지브라 바이블. 서울 : 지오북스.
[3] 최경식 (2017). 지오지브라 명령어 사전. 서울 : 지오북스

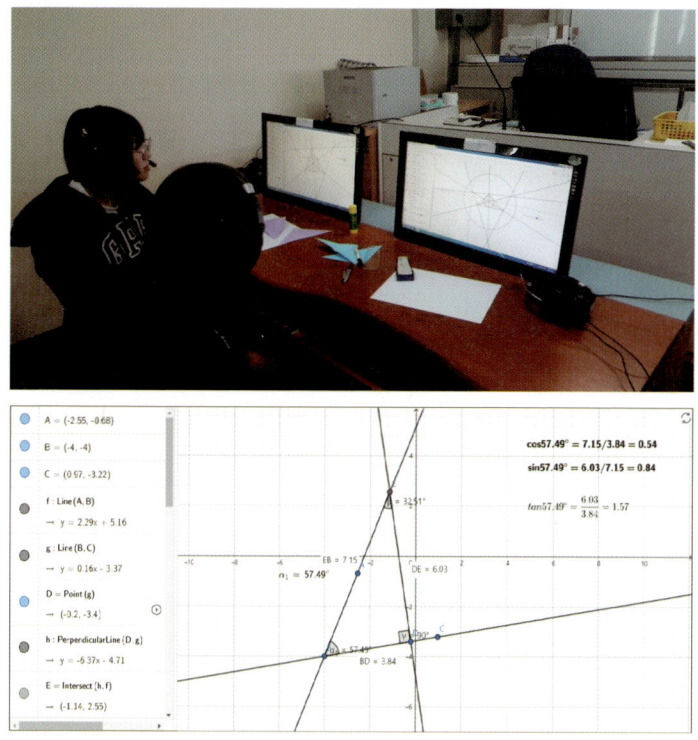

지오지브라를 활용한 도형의 탐구

표현이 함께 변하는 것을 보여주면 학생들로 하여금 두 개념 사이의 연결성을 자연스럽게 이해시킬 것이라는 생각이 들었다.

지오지브라의 매력포인트 ② 자유롭게 탐구해볼 수 있다

기하학은 변화하는 대상에서 불변의 진리를 탐구하는 학문이다. 지오지브라가 변화를 눈으로 보여주는 도구이기 때문에 지오지브라를 사용하면 학생들과 함께 기하적 대상을 쉽게 탐구할 수 있다. 예를 들어 삼각형의 한 내각의 크기를 변화시키면서 삼각형의 외심 위치가 어떻게 변화하는지 관찰하거나 수열의 극한, 정적분과 같은 내용에서 한없이 이어지는 연속적인 무한의 과정을 관찰할 때 지오지브라는 그 현상을 시각적으로 제시해준다. 이를 통해 학생들은 그 현상에 대하여 눈으로 확인하면서 무한의 본질적인 의미를 내면화할 수 있다.

다른 측면으로 지오지브라의 명령어를 사용하면서 학생은 수학적 개념을 익힐 수 있다. 예를 들어 원을 그리기 위해서는

* 원 [점 , 반지름의 길이]^a
* 원 [점 , 점]^b
* 원 [점 , 점 , 점]^c

^{a}중심과 반지름의 길이로 그릴 수 있는 원
^{b}중심과 원 위의 한 점으로 그릴 수 있는 원
^{c}원 위의 세 점으로 그릴 수 있는 원

등의 명령어가 있다. 이와 같이 다양한 명령어가 필요한 이유에 대하여 학생들은 다음과 같은 질문을 던질 수 있다.

* 원을 그리는데 왜 이런 것들이 필요해요?
* 다른 조건으로 그릴 순 없어요?

이 경우 학생은 '원'이라는 수학적 대상에 대하여 '드디어' 생각하기 시작한 것이다. 주어진 내용을 받아들이는 데 익숙했던 학생들이 의문을 갖고 생각을 확장해 나가는 기회를 갖게 되는 것이다.

삼각비의 개념을 도입할 때에도 정의를 무조건 제시하는 것이 아니라, 각의 크기가 일정할 때, 각의 크기가 변할 때, 변의 길이가 변할 때 등 다양한 상황을 관찰하며 변하지 않는 비율을 찾아보고 이름을 붙이도록 해야 한다. 이러한 과정을 거치면 학생들은 삼각비의 개념을 더 자연스럽게 이해하게 된다.

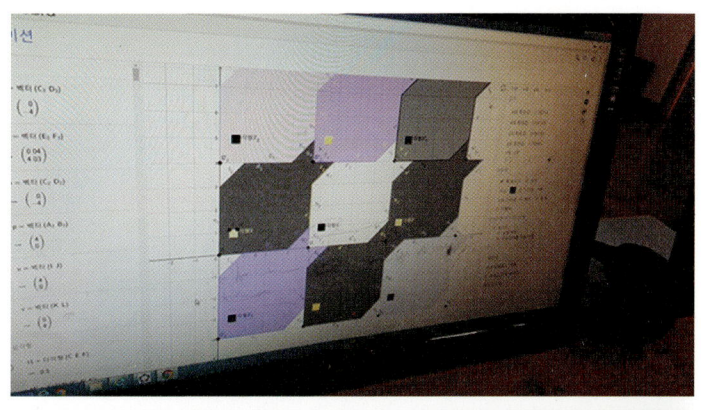

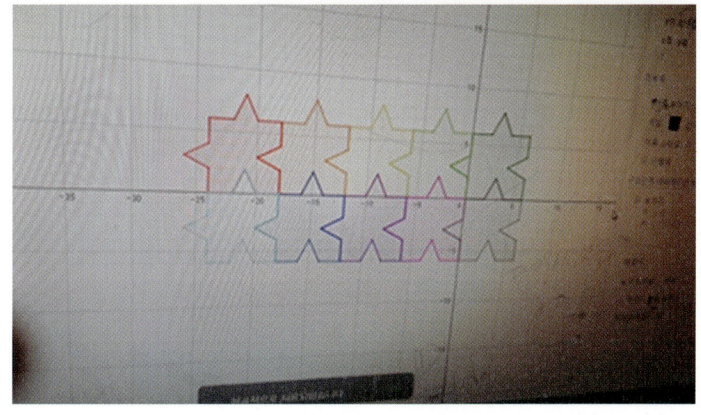

중학교 학생들이 수행한 과제

지오지브라의 매력포인트 ③ 공유하고 성장하다

수업 도입부에 사용할 간단한 자료를 만들거나 공유된 자료를 수업에 활용하는 정도로만 지오지브라를 사용해 오던 차에, 전환점이 된 일이 있었다. 2017년 가을, SW·수학·과학 교과를 융합한 교수 학습 자료를 개발하는 융합 교육 프로젝트에 참여하게 된 것이다. 수학, 과학, 정보 선생님들이 함께 모여 교과 지식 융합형, 실생활 문제 해결형, 창체·자유학기용 과제를 개발하는 것이었는데, 나는 지오지브라를 활용하여 '카펫 문양 디자인'이라는 테셀레이션 만들기 프로그램을 개발하였다.

지오지브라를 활용하여 수업을 진행하는 장윤정 선생님

학생들은 동아리나 자유학기제 수업을 통해 종이로 테셀레이션을 제작해 보는 경우가 많다. 이때 종이를 자르다가 실패하는 경우 다시 종이를 잘라야 하는 단점이 있다. 이에 비해 지오지브라를 이용하면 쉽게 되돌리기를 할 수 있고, 초기의 몇 가지 독립적인 요소를 바꾸면 한 개의 작품에서도 다양한 형태의 디자인으로 발전시킬 수 있다. 학생은 원하는 모양을 만들기 위해 어떤 도형을 사용하는지, 어떤 변환을 사용하는지에 대하여 설계해야 한다. 또한 예상하지 못한 결과가 나왔을 때, 내비게이션 바를 이용해 그 원인을 찾고 수정해야 한다. 이 과정은 퍼즐 맞추기처럼 복잡하지만 학생들은 재미있다고 생각하였다. 지오지브라로 만든 결과물은 자신의 지오지브라 계정에 올릴 수 있는데, 모둠원끼리 다른 친구의 작품과 만든 과정을 보고 피드백을 할 수 있고, 전 세계 사람들과도 작품을 공유하고 언제, 어디서든지 서로 의견을 나눌 수 있다.

미래를 위한 힘을 길러주는 지오지브라

21세기를 살아가는데 필요한 핵심역량을 비판적 사고력, 창의력, 의사소통능력, 협업능력이라고 하는데 지오지브라를 활용한 프로젝트 수업을 통해 이런 능력을 키울 수 있다는 생각이 들었다. 수학이 매력적인 이유는 새로운 것을 발견하는 과정이 즐겁기 때문이다. 고등학교만 졸업하면 수학에서 손을 놓아 버리는 우리나라 학생들이 자유롭게 생각하고 상상의 나래를 펼칠 수 있도록 돕는다면 즐겁게 수학을 공부하도록 하는 원동력이 될 것이라 기대한다.

한국지오지브라연구소 세종팀장
두루고등학교
장윤정 (hakueiyj@geogebra.or.kr)

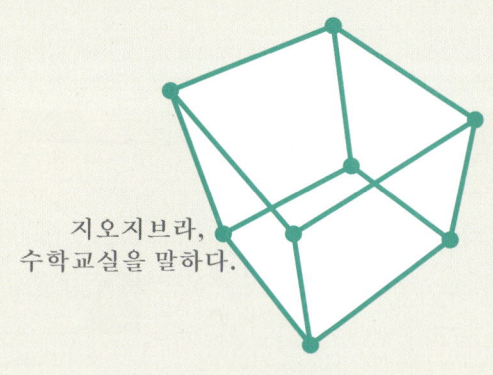

지오지브라,
수학교실을 말하다.

04

지오지브라로
발전의 방향을 찾다

지오지브라와 첫 만남

2011년 인천 강화도의 한 중학교에서 교직 생활을 시작하고 시험문제를 출제하던 중 도형이나 그래프를 그려야 하는 상황이 되었다. 주변 선생님들이 어떻게 도형과 그래프를 그리는지 알아보니 대부분의 선생님은 이미 그려져 있는 그림을 캡쳐하여 숫자만 바꿔 시험 문제의 그림으로 활용한다고 하였고 선생님 한 명만 한글에서 직접 도형을 그린다고 하였다. 나는 도형을 직접 그려보고 싶은 마음에 대학생 때 배운 GSP와 한글 프로그램을 이용하여 도형을 그려 보았지만 도형이 깔끔하게 그려지지 않아 한계를 느꼈다. 친구의 소개로 2012년 1월 금오공대에서

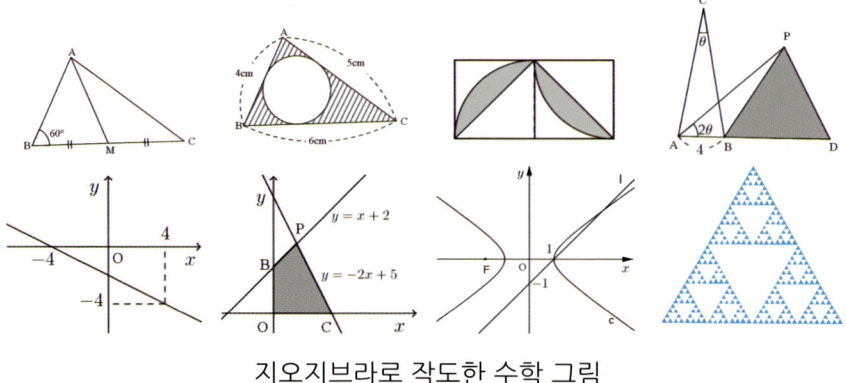

지오지브라로 작도한 수학 그림

실시하는 MF(Math Festival)에 참여하게 되었고 MF 이후에 전국수학교사 모임에서 지원하는 다양한 공부 모임이 있다는 것을 알게 되었다. 마침 수학과 관련된 컴퓨터 프로그램에 관심이 있어 지오지브라 공부 모임에 참여하게 되었고 최경식 선생님으로부터 지오지브라를 배우기 시작하였다.

학교에서의 지오지브라 활용

시험문항 제작

지오지브라를 알기 전에는 한글(HWP)에서 도형을 그려 시험 문제를 출제하였는데 수학적으로 작도하는 것이 아니고 적당히 끼워 맞추는 느낌이 들어 만족스럽지 못했다. 지오지브라를 배우고 나서 다양한 도형의 작도가 가능하고 그래프를 쉽게 그릴 수 있어 도형이나 그래프를 그려야 하는 경우에는 지오지브라를 이용하였다.

영재수업

지오지브라는 대수, 함수, 기하, 확률, 통계 등 다양한 분야에 활용할 수 있다. 중학교 영재 학생들을 대상으로 지오지브라의 기능을 알려주고 창작물을 만들도록 하였다. 학생들은 스스로 다양한 도형을 작도하고 그래프를 그리며 수학에 대한 흥미를 보여주었고 매우 뛰어난 창작물을 만들어냈다.

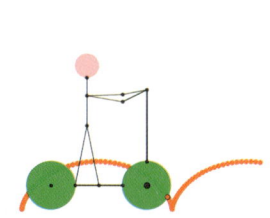 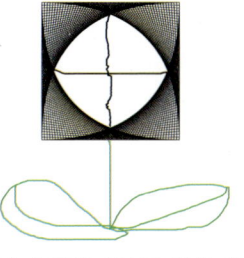 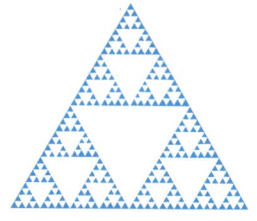

(a) 사이클로이드를 배운 후 자전거를 타는 사람을 만듦   (b) 스트링아트를 배운 후 꽃을 만듦   (c) 도구만들기 기능을 배운 후 시어핀스키 피라미드를 만듦

영재들은 자신이 배운 지오지브라 기능을 적용하여 작품을 만들었다

교사 동아리 활동 & 교사 연수

지오지브라를 배우고 활용하며 교직 생활에 자신감이 생겼다. 나는 수학 선생님들에게 지오지브라를 소개하고 싶어 2013년도에 "인천 지오지브라 공부 모임"을 만들었다. 1년 정도 이 모임을 운영하며 지오지브라를 선생님들께 소개하였다. 교사 동아리를 운영하며 지오지브라를 더 많은 선생님께 알리고 싶다는 생각이 들었기에 수학 선생님들과 만나는 자리가 생기면 지오지브라를 꼭 소개하며 사용해볼 것을 적극적으로 추천하였다. 대부분의 선생님들은 나의 이야기를 듣고 다른

제19회 Math Festival에서 지오지브라에 대하여 강의하는 조운상 선생님

선생님들도 함께 배울 수 있으면 좋을 것 같다고 하며 지오지브라 연수 기회를 마련해 주었다. 그러던 중 제19회 Math Festival이 인천에서 개최되어 지오지브라에 대해 강의를 하게 되었다. 지오지브라를 통해 내가 느낀 점을 다른 선생님들에게 공유하고 싶어 강의를 수락하였고 전국에 있는 선생님들에게 지오지브라의 장점과 다양한 기능을 소개할 수 있어 나에게는 행복한 시간이었다.

수업시간에 지오지브라를 활용

수열의 극한 단원에서 수열의 항 번호를 x좌표, 수열의 각 항을 y좌표로 하여 (n, a_n)을 좌표평면에 나타내면 수열의 극한값을 직관적으로 추측할 수 있다. 또한, 3차원 공간에 대한 문제를 설명할 때 칠판에 공간도형을 그리는 것이 어려우나 지오지브라의 3차원 기하창을 활용한다면 학생들이 문제를 쉽게 이해하도록 도울 수 있다. 기하뿐만

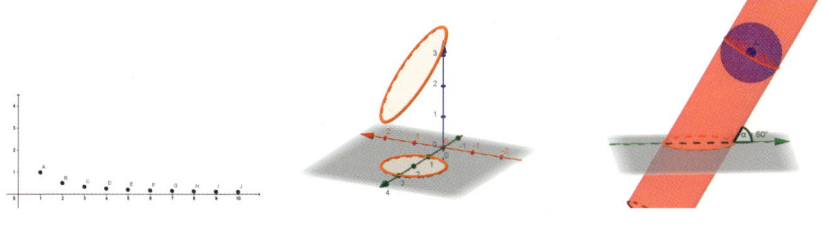

지오지브라로 만든 수학 수업 자료

아니라 함수, 확률과 통계 단원도 지오지브라를 활용하여 수업할 수 있다.

수학교사로서 의미있는 삶을 이끈 지오지브라

지금까지 나는 지오지브라를 활용하여 시각적인 자료를 제공하며 다양한 수업방법을 시도하였고 이를 통해 학생들의 흥미와 수학에 대한 긍정적인 태도를 이끌어 낼 수 있었다. 또한 나의 지오지브라 연수가 다른 선생님들에게 도움이 될 수 있다는 사실에 보람을 느꼈고 그 가운데 다른 사람들을 만나 소통할 수 있었다.

앞으로도 지오지브라와 함께 다양한 학생과 교사에게 도움을 주는 사람이 되고 싶다.

한국지오지브라연구소 인천팀장
가림고등학교
조운상(sang840210@geogebra.or.kr)

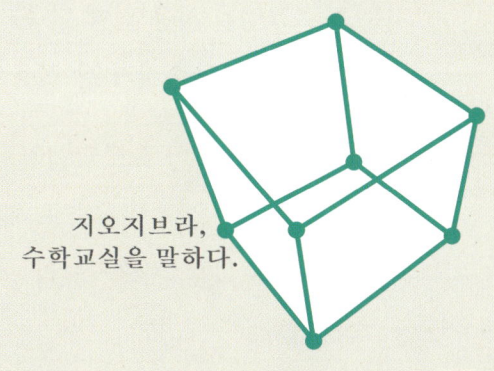

지오지브라,
수학교실을 말하다.

05

지오지브라와 함께 변화하다

컴퓨터 소프트웨어에 관심이 많은 편입니다. 그림 그리는 것도 좋아하고요. 당연히 수학도 좋아합니다. 덕분에 동적 기하 소프트웨어에 관심이 생겼습니다. 처음에는 GSP, Cabri3D와 같은 프로그램을 주로 다루었습니다. 손대원 선생님의 연수를 비롯한 몇몇 연수를 받으면서 스스로 불편함이 없을 만큼 다룰 수 있었습니다. 저와 같이 공학 프로그램에 관심을 두고 있는 선생님들과 함께 연구회를 진행하게 되었고, 이 연구회에 주재은 선생님께서 들어오게 되면서 지오지브라를 처음으로 알게 되었습니다.

무료 프로그램. 지오지브라의 장점은 이것뿐이라고 생각했습니다.

저는 프로그램을 사용할 때 단축키를 사용하는 것을 좋아합니다. GSP는 여러 기능에 단축키가 잘 적용되어 있었습니다.

> * GSP와 비슷한 프로그램이구나
> * 단축키도 없이 마우스로 해야 하니까 불편하네
> * 이 프로그램(지오지브라)의 여러 기능은 이미 GSP에서도 가능한걸?
> * 그래도 무료라서 학생들과 함께하기에는 좋겠구나.

GSP에 익숙해진 제가 지오지브라를 처음 접했을 때 가졌던 생각들입니다. 지오지브라의 많은 기능에 대해 자세히 알아보지도 않은 채, 극히 일부의 기능만을 보며 가진 편협한 생각들이었습니다. 실제로 가평에서 열렸던 전국수학교사모임 세미나에서 처음 최경식 선생님을 뵙고 저런 의견을 말씀드렸었죠. 아, 지금 생각해보면 부끄러워할 만한 내용입니다. GSP에 적응했던 저는 변하지 않으려는 마음이 더 컸던 모양입니다.

2013년 2월 전국수학교사모임 세미나 참석 이후 연구회에서 지오지브라를 연구하기 시작했습니다. 일단 GSP로 해왔던 것들을 지오지브라에서 해봤습니다. 지오지브라의 인터페이스에 익숙해지는 것은 오래 걸리지 않았습니다. 단축키를 사용할 수 없었지만, 지오지브라는 입력창이 있었죠. 어느 정도 기간이 지나자 프로그램의 사용이 익숙해졌고, GSP에서 했던 대부분을 지오지브라에서 할 수 있었습니다. 프랙털을 제외하고요. 지금 현재에도 프랙털만큼은 GSP가 더 쉽게 느껴집니다. 하지만 다른 모든 것들은 지오지브라가 더 훌륭했습니다. 그리고 지오지브라는 계속 새로운 기능들이 생겨나고 있었으며, 현재도 계속 진행되고 있습니다. 2차원만을 고집하던 GSP와는 달리 지오지브라는 3D 기능을 추가하였습니다. 이 기능이 독립적으로 따로 실행되기보다 다른 기능들(기하창, 스프레드시트창 등)과 연동이 되니 활용 방안이 다양했습니다. 엑셀에서 함수를 이용하여 설명했던 통계적 추정에 대한 내용을 지오지브라를 이용하니 훨씬 간단해졌습니다. GSP, Cabri3D, 엑셀 등 여러 프로그램을 사용하던 제가 어느새 지오지브라만 사용하고 있었습니다.

지오지브라 튜브[1]에 수많은 자료가 있었습니다. 다른 사용자들이 만든 신기한 작품 파일을 내려받아 어떻게 만들었는지 분석하고 만드는 방법을 배워갔습니다. 그것은 수업을 위한 연구나 어떤 업무적인 것이 아니었습니다. 단지 재미있었기 때문이었죠. 어떻게 만들어야 할지 고민하고 생각하는 것 자체가 즐거운 시간이었습니다. 도형에 관한 문제를 풀 때도 문제는 제쳐두고, 문제의 그림은 어떻게 그릴까 하는 것에 초점이 맞춰졌죠. 이런 재미를 학생들도 느끼길 바랐습니다. 지오지브라를 이용하여 이것, 저것 만들어보면서 수학적 사고력이 향상될 것으로 생각했습니다. 제가 경험한 것들을 아이들과 함께하고 싶었습니다. 그렇게 지오지브라 동아리를 시작하였습니다.

2015년 고등학교 1학년 학생 중에 수학과 컴퓨터에 관심이 있는 학생들을 위주로 지오지브라 동아리를 만들었습니다. 수학 프로그램을 사용한 경험이 거의 없었던 학생들이라 기초부터 차근차근 알려주면서 여러 가지를 만들었습니다. 학생들은 컴퓨터와 관련된 것들에 대한 학습이 정말 빠릅니다. 제가 알려준 것들을 금방 따라하면서 어느새

---

[1] 현재는 공식 홈페이지의 자료(Resource)이다.

변형하고 발전시켜갔죠. 이 학생들과 함께 광주수학축전에서 프로그램 수학 부스를 운영하였습니다. 주제는 스트링 아트와 베지어 곡선. 지오지브라의 슬라이더 도구와 수열 명령, 자취그리기 도구를 활용하여 3~4단계의 간단한 과정으로 스트링 아트와 베지어 곡선을 만드는 내용입니다. 참여한 학생들은 간단하고 다양하게 변형 가능한 작품들을 보며 놀라워하였습니다. 그리고 이 프로그램에 참여한 다른 학교 학생들이 자신의 학교에서 열린 수학 체험전에서 이 주제를 진행하였다는 소식을 전해 들었을 때, 보람을 느꼈습니다. 이 동아리를 현재까지 운영하고 있으며, 학교를 옮기더라도 학생들과 함께 지오지브라를 계속 연구하고자 합니다.

연구회를 하면서 다른 선생님들과 지오지브라의 여러 활용 방안을 공유하고, 설명하는 기회도 있었습니다. 2015년에는 처음으로 직무연수에 강사로서 참여하게 되었습니다. 부담감은 말로 이루 다할 수 없었죠. 어떤 질문이 있을지 예상할 수 없었고, 프로그램 설명 중 막히는 부분이 생기면 당황할 것이 뻔했기 때문에 철저한 준비가 필요했습니다. 한 번 연수를 시작하니 연수를 진행할 기회가 점점 더 많아졌습니다. 연수 교재도 직접 만들어보면서 지오지브라를 활용하는 방법에 대해 더 고민하기 시작했죠. 지오지브라에 대한 숙련도가 이 기간에 가장 많이 오른 것 같아요. 연수를 진행하며 많은 선생님께서 지오지브라에 대해 알아가고 활용하시는 모습을 보면 뿌듯한 마음이 듭니다. 비록 지오지브라를 출제 원안 및 교수, 학습 자료에 삽입할 그림을 그리는 프로그램으로 생각하거나, 지오지브라를 사용한 수업에 어려움을 느껴서 연수가 끝나면 사용하지 않는 분들이 있는 것에 아쉬움이 생길 때도 있습니다. 그런데 저도 처음에는 지오지브라가 어려웠습니다. 아니,

어렵다기보다는 익숙하지 않았죠. 지오지브라는 도구입니다. 처음 사용하는 도구가 어색한 것은 당연합니다. 손에 익어야 잘 활용할 수 있죠. 많은 사람이 지오지브라가 쉽게 익숙해질 수 있도록 하는 것이 한국지오지브라연구소가 해야 할 과제라고 생각합니다.

지오지브라를 처음 알게 된 후 6년이 지났습니다. 지오지브라의 모습은 많이 변하였고, 새로운 기능도 많이 추가되었습니다. 변화의 속도가 점점 빨라지고 있습니다. 이런 변화와 함께 고민할 것들이 점점 많아지고 있습니다. 지오지브라를 활용한 수업과 평가에 대한 연구가 필요하다고 생각합니다. 그리고 지오지브라를 활용할 수 있는 환경을 마련하는 방안도 생각해야 하죠. 지오지브라를 구동할 하드웨어가 없으면 위의 논의는 의미가 없는 것이니까요. 하지만 갑자기 수학 수업을 위해 컴퓨터를 사달라고 할 수는 없는 노릇입니다. 그러므로 모바일 기기를 통해 지오지브라를 활용하는 방안에 대한 연구가 중요하다고 생각합니다. 지오지브라를 사용하는 여러 선생님께서 같은 고민을 하고 계실 것으로 생각합니다. 혼자서 고민하기보다 함께 고민하면 분명 좋은 방안이 나올 것으로 생각합니다. 지오지브라 사용자들이 힘을 합쳐야 할 시기인 것 같습니다.

한국지오지브라연구소 광주팀장
광주고등학교
김경용 (laruddy@geogebra.or.kr)

2017년 세종시 지오지브라 연수에서 강의하는 김경용 선생님

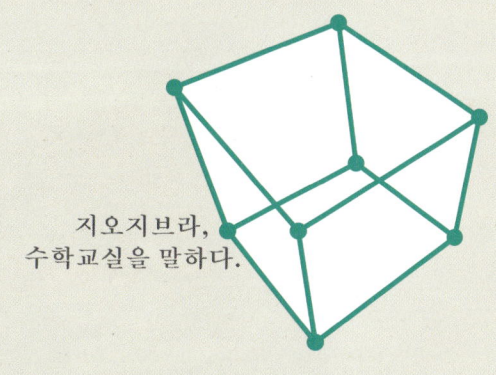

지오지브라,
수학교실을 말하다.

06

지오지브라와 함께 성장하다

도형이 어려워요

어릴 적부터 수학을 좋아했다. 수학 문제를 풀다 보면 시간이 가는 줄 모르고 다른 공부를 제쳐둔 채 수학만 공부하던 학생이었다. 그렇게 좋아하던 수학 공부이지만 도형 문제를 풀 때는 항상 답답했다. 대부분의 수학 문제는 문제에 접근하는 시도를 한 후 실패하면 다른 방법으로 접근하는 방식으로 점차 문제 해결의 실마리를 풀어나갈 수 있었다. 하지만 도형 문제는 아무리 쳐다봐도 접근 방법이 떠오르지 않을 때가 많았다. 해답지를 보면 보조선을 이용해서 간단하게 문제를 해결하고 있었지만 이런 보조선이 왜 필요한지에 대한 설명은 어디에도 없었다.

2012년 전국수학교사모임 팀장 협의회에서 강의하는 전수경 선생님

나에게 도형은, 예쁘지만 손에 잡히지 않는 '신기루' 같았다.

아이들에게 수학의 즐거움을 알려주고 싶어 수학교사가 되었다. '수학이 먼 나라의 외계어가 아니고 어렵고 딱딱한 것이 절대 아니다.', '수학을 알고 수학의 눈으로 세상을 보면 전과 다른 세상을 볼 수 있을 거야'. 난 아이들에게 이런 말들을 하고 싶었다. 하지만 도형 단원을 만나면 난 즐겁게 가르칠 수 없었다. 어릴 적 공부하기 어려웠던 도형은 교사가 되어서도 가르치기 어려웠다. 도형과 친하게 놀 방법을 이야기하고 싶었지만 나는 그 방법을 알지 못했다. 도형 수업은 언제나 불편했고 답답했다. 아이들도 어릴 적 나처럼 도형을 싫어했다. '선생님 도형이 너무 어려워요.'

2012년 대한민국창의축전에서 지오지브라 아트를 강의하는 전수경 선생님

기하 프로그램을 찾다

교사가 되어서 도형을 공부할 방법을 항상 고민하다 보니 자연스럽게 기하 프로그램에 관심을 두게 되었다. 처음 알게 된 기하 프로그램은 GSP(The Geometer's Sketchpad)였다. GSP로 도형을 직접 만들어 보고 측정값을 구하면서 그제야 도형이 가까이 있다는 느낌이 들었다. 특히 GSP의 끌기(dragging) 기능을 좋아했다. 끌기를 하면서 도형의 모양이 바뀌고, 그 가운데 변하지 않는 성질을 찾으면서 도형이 살아있다는 느낌이 들었다. 기하 프로그램에서 살아있는 도형과 만나는 것이 즐거웠고 계속해서 더 좋은 기하 프로그램들을 찾기 시작했다.

GSP, Cabri, Mathematica 등 여러 기하 프로그램을 알게 되었지만, 프로그램이 비싸거나 사용법이 복잡해서 사용하기 어려운 점이 있었다. 좀 더 편리하고 좋은 프로그램을 찾기 위해 시간이 날 때마다 '수학 프로그램', '기하 프로그램', 'math program' 등을 검색했다. 2009년 어느 날, 좌표축이 그려진 프로그램이 검색 결과창에 나타났다.

지오지브라 초기 로고(Dynamic Mathematics for Everyone)

고등학교에서 수학을 가르치다 보니 해석기하를 다룰 수 있는 기하 프로그램이 필요하다고 생각해서 좌표축이 있는 기본 인터페이스에 호기심을 느꼈다. 그렇게 지오지브라와 처음 만났다.

지오지브라는 알면 알수록 매력적인 프로그램이었다. 무료 프로그램으로 누구나 사용할 수 있었고, 일상적으로 사용하던 수식과 한글 명령어를 사용할 수 있어 편리했다. 사용자들의 의견을 통해 기능을 개선하고 수학을 공부하는 데 필요한 새로운 기능을 추가하면서 성장하는 동력을 가지고 있었다.

처음에는 지오지브라가 기하 프로그램이라고 생각했다. 도형과 관련된 도구상자가 갖춰져 있어 중학교에서 다루는 유클리드 기하(도형)와 고등학교에서 다루는 해석기하(함수와 도형의 방정식)를 모두 다룰 수 있어 좋은 기하 프로그램이라고 느꼈다. 하지만 지오지브라를 사용하면서 미적분, 행렬, 벡터, 이산 수학 등 다룰 수 있는 수학이 더 많이 있다는 것을 알았다. 어쩌면 수학의 분야 중에 다룰 수 없는 것이 없을 것이라는 생각이 들 정도로 지오지브라는 사용 범위가 넓었다. 10년 동안 지오지브라를 사용하면서도 내가 사용한 것은 지오지브라 기능의 일부였다고 생각한다. 나는 다른 사람들에게 지오지브라를 소개할 때 꼭 덧붙이는 말이 있다. 'GeoGebra, Dynamic **Mathematics** for Everyone, 지오지브라는 기하 프로그램이 아닙니다. 뛰어난 수학 프로그램입니다.'

이거 지오지브라로 한번 그려줘 봐

지오지브라를 사용하면서 수학 그림을 그려달라는 요청을 많이 받는다. 어느날 친하게 지내는 선생님 한 분이 문제를 하나 보여주면서 그래프를 그려달라고 부탁하셨다.

> [문제] 방정식 $\cos \pi x = \frac{1}{6}x$의 실근의 개수는?
> ① 6개 ② 7개 ③ 12개 ④ 14개 ⑤ 15개

학생이 이 문제의 풀이와 정답이 이상하다고 질문했다고 하면서 해설지에 제시된 풀이 과정을 보여주었다. 해설지에는 그래프가 그려져 있고 정답이 12개라고 되어 있었다.

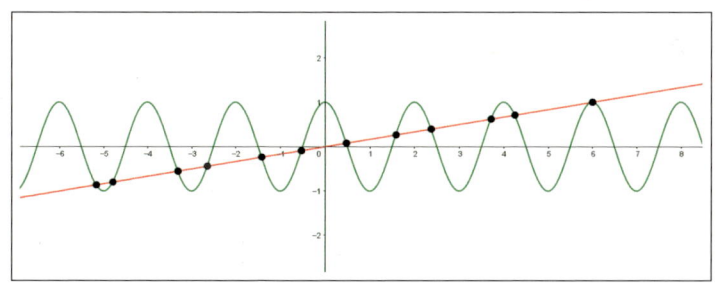

두 함수 $y = \cos \pi x$, $y = \frac{1}{6}x$의 그래프의 교점

교사: 선생님. 제가 가르치는 아이가 이 부분이 이상한 것 같다고 말하네요. 아이 말로는 한 점에서 만난다면 접한다는 말인데 (6,1)

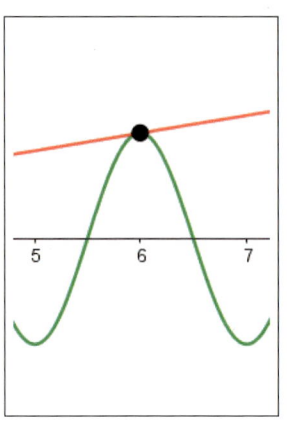

$\cos \pi x = \frac{1}{6}x$을 나타내는 그래프의 일부

에서 접선이 되려면 수평으로 선이 그어져야 하는 거 아니냐고 하네요.

나: 네. 그러네요.

교사: 그렇죠. 아이 말이 맞는 것 같아요. 그런데 아직 1학년이라서 미분계수를 가지고 증명해 줄 수는 없고 차라리 그래프에서 정확하게 교점을 보여주고 싶은데 혹시 선생님이 사용하시는 프로그램으로 확대하실 수 있나요?

나: 네 선생님. 제가 확대해서 보여드릴게요.

지오지브라로 그래프를 그려 한 점에서 만나는 부분을 확대를 해봤더니 교점이 두 개 나타났다. 두 개의 교점을 보고 문제가 오류가 있다는 사실을 확신했다. 사실 손으로 그리는 그래프의 개형이 정확하지 않은 것은 당연하지만 이런 오류가 생길 수 있다는 사실에 놀랐다. 그리고

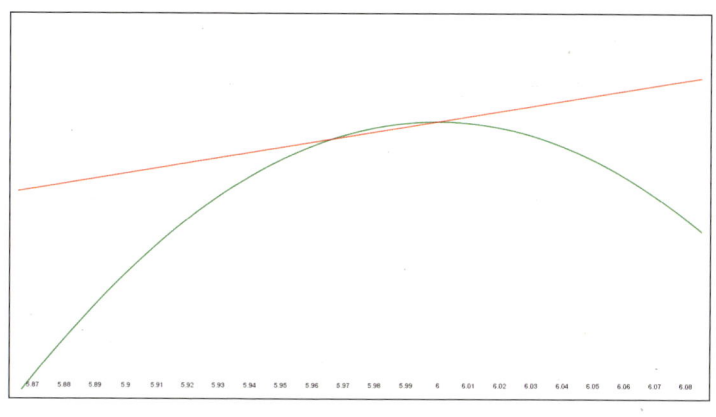

그래프의 일부를 확대한 모습

마우스 휠로 간단하게 확대하는 것으로 그래프를 '관찰'할 수 있어 지오지브라의 중요성을 새삼 깨달을 수 있었다.

확대한 그림을 선생님께 보여드리고 오류가 있는 문제라고 말씀드렸다.

"답답했는데 이렇게 확인할 수 있어 좋네요. 이 프로그램 저도 써봐야겠습니다."

나의 수학교사, 지오지브라

지오지브라를 사용하면서 가끔 이해 안 되는 상황이 나타날 때가 있다. 예전에 지오지브라에서 일차함수를 습관적으로 $y = 2x + 1$과 같이 입력했던 적이 있었다. 그런데 지오지브라는 $y =$ 을 쓰지 않고 입력할 수 있다는 말에 $2x + 1$로 입력해보니 훨씬 간편해서 그때부터 $y =$ 을 입력하지 않았다. 어느 날 두 직선의 교점을 찾기 위해 두 식을 입력하고 교점 도구를 클릭했는데 교점이 나타나지 않았다. 지오지브라의 한계라고 하기에는 너무 단순한 기능에서 나타난 문제여서 최경식 선생님께

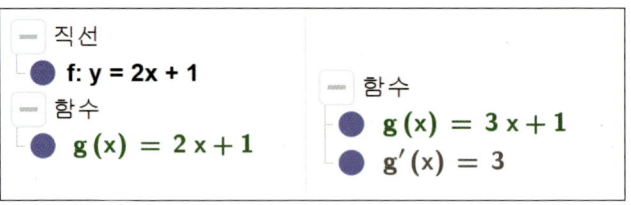

지오지브라에서 직선과 함수의 차이

이유를 여쭤보았다. 최경식 선생님은 두 직선의 분류가 다르게 설정된 것 같다고 하셨고, 나는 $y = 2x + 1$과 $f(x) = 2x + 1$이 다르다는 것을 처음 알았다. 지오지브라에서 $y = 2x + 1$은 직선이며 도형으로 분류되고, $f(x) = 2x + 1$은 일차함수이며 함수로 분류되었다. 그리고 직선과 일차함수는 종류가 다른 대상이라 교점을 구성할 수 없었다[1].

평소에 일차함수와 직선을 모두 $y = 2x + 1$과 같이 표현했고 그래프 모양이 똑같아서 두 가지를 의식적으로 구별하지 않았었다. 그런데 지오지브라에서 두 가지를 구별하는 것을 보고 그 차이를 지오지브라에서 찾아보았다. 그 중의 하나로 일차함수 $g(x) = 3x + 1$을 구성하고 입력창에 미분을 뜻하는 g'를 입력하면 도함수가 나타나지만, 직선 $f : y = 2x + 1$을 구성하고 입력창에 f'을 입력하면 지오지브라는 이 명령을 이해하지 못하는 것을 알 수 있었다.

어떻게 보면 직선과 일차함수가 다르다는 것은 당연한데도 난 두 가지가 구별된다는 사실을 지오지브라를 통해 처음으로 알게 되었다. 지금도 수학 선생님들께 직선과 일차함수를 지오지브라에서 구별해서 사용하도록 말씀드리면 두 가지가 다르다는 것을 처음 알았다고 말씀하시는 분들이 많다. 이 일로 나는 수학에 대해 더 공부하기 시작했고

---

[1] 지금은 기능이 개선되어 교점 ☒ 도구를 이용하여 직선과 함수의 교점을 구할 수 있다.

결국 수학적 대상의 구별을 명확히 밝히는 연구를 하게 되었다. 지오지 브라를 사용하면서 나는 수학에 대하여 고민하고 더 많이 알게 되었다. 이와 같이 수학 세계로 나를 이끌어준 지오지브라는 어른이 되어서 만난 나의 수학 선생님이었다.

선생님 지오지브라 켜 놓을까요?

나의 수업은 지오지브라를 실행하는 것으로 시작한다. 수학 도우미 학생이 수학교실에 오면 제일 먼저 컴퓨터를 켜고 지오지브라를 실행시켜 놓는다. 나는 수업에서 사용할 지오지브라 자료가 있어도 수업 전에 준비하지 않는 편이다. 지오지브라로 만드는 과정도 수학 일부여서 그 과정도 아이들과 함께하고 싶다고 생각했다.

교사 : 문제에서 $y = x^2 + kx + 3$라는 이차함수가 있습니다. 이 이차함수의 그래프를 그릴 수 있을까요?

학생들 : k를 몰라서 그래프를 그릴 수 없어요~

교사 : 그럼 k 값을 다양하게 줘서 이차함수 그래프를 여러 개 그려보도록 할까요? 그리고 k에 따라 이차함수의 그래프 모양이 어떻게 달라지는지 한번 보도록 합시다. 지오지브라로 한번 해 볼까요? 자, 입력창에 뭐라고 입력하면 될까요?

학생들 : 엑스(x) 제곱 더하기 케이(k) 띄우고 엑스(x) 더하기 삼(3) 엔터

교사: 앗! k에 대해 오류가 나왔네요[2].

학생들: ?

교사: 왜 k는 오류가 나오고 x, y는 괜찮을까요? 여기서 x, y랑 k의 차이점이 무엇일까요?

지오지브라를 아이들과 함께 만들다 보면 문제 상황에 필요한 여러 가지 수학적인 내용을 가지고 대화를 할 수 있었다. 아이들은 변수, 상수와 같은 기본 개념과 문제의 조건과 식들을 이해하지 못한 채 문제를 푸는 데 익숙해져 있었다. 지오지브라로 자료를 만들기 위해서는 변수, 식, 명령어 등을 절차대로 입력해야 하므로 자료를 만드는 과정이 곧 문제를 이해하는 과정이 될 수 있었다. 그렇게 지오지브라를 사용하다 보니 아이들은 변수와 수학 개념을 조금씩 이해하기 시작했고, 언젠가부터 지오지브라를 익숙하게 다루기 시작했다.

어느 날, 삼각함수 $y = b \sin a(x - p) + q$에서 변수 a, b, p, q와 삼각함수의 그래프 사이의 관계를 알아보는 수업시간이었다. 슬라이더 도구를 이용하여 변수와 삼각함수 그래프를 만들고 슬라이더를 움직이면서 삼각함수를 관찰하고 있었다.

나는 삼각함수의 그래프를 보여주면서 변수에 따라 삼각함수의 주기가 어떻게 변하는지를 보여주고 싶었다. 그런데 변수가 많다 보니 그래프의 한 주기만을 나타내는 방법이 복잡해서 잠시 고민을 하고 있었다. 어떤 아이가 '선생님 제가 해볼게요' 라고 하고 교사용 컴퓨터로

---

[2] 현재 지오지브라는 정의되지 않은 변수를 사용하면 자동으로 슬라이더 도구를 만들게 되어 있으나 초창기 버전에서는 오류 메시지가 나타났다.

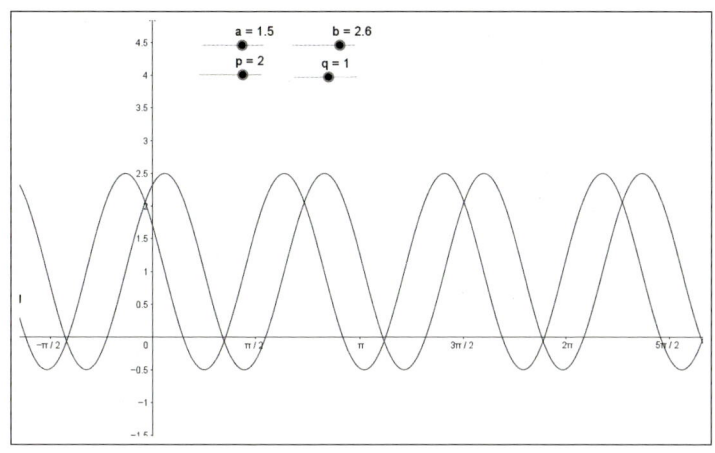

삼각함수 $y = b \sin a(x - p) + q$의 그래프

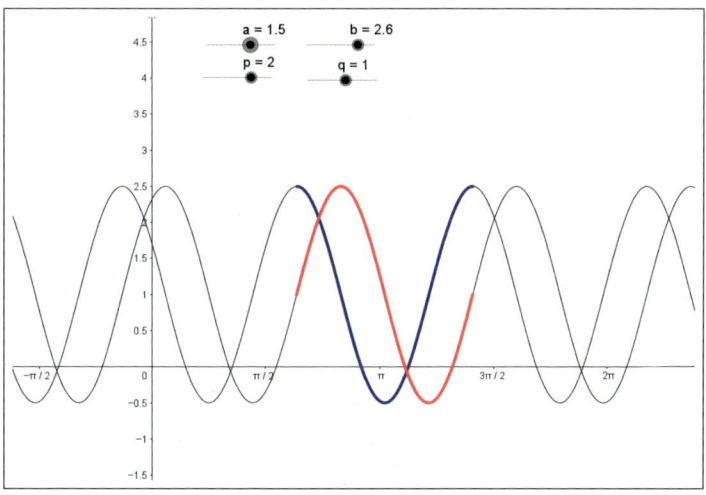

한 주기를 표현한 삼각함수 $y = b \sin a(x - p) + q$의 그래프

와서 식을 몇 가지 입력하고는 제자리로 돌아갔다[3].

    그 아이 덕분에 난 아이들과 삼각함수 그래프의 한 주기를 무사히 관찰하고 수업을 마칠 수 있었다. 수업이 끝난 후 잠시동안 내가

---

[3] 그 당시는 휴대폰과 태블릿용 지오지브라가 개발되지 않아 교사용 컴퓨터에 설치된 지오지브라로 수업을 진행하였다.

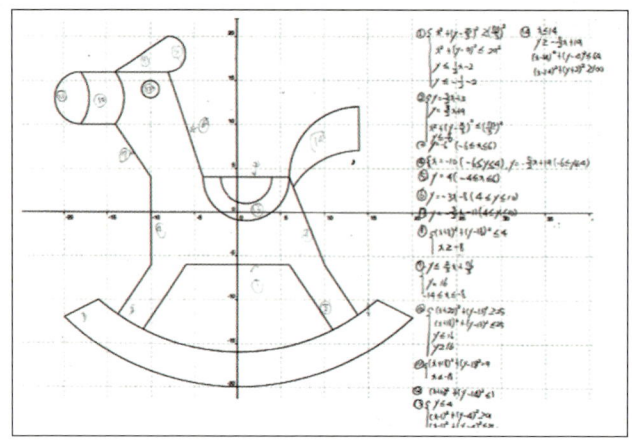

학생작품 : 목마

그래프를 그리지 못한 것이 부끄러웠다. 하지만 더 고민해보니 그 순간이 아이들에게는 생각할 기회였다는 생각이 들었다. 그때 이후로 수업시간에 지오지브라를 사용하면서 막히는 부분이 생겨도 당황하지 않고 아이들과 함께 고민한다. 그러한 고민도 수학 공부라 생각하면서 요즘도 나는 빈 지오지브라 화면과 함께 수업을 시작한다.

수학 도화지

수업 시간에만 지오지브라를 사용하다가 조금 더 아이들이 자유롭게 지오지브라를 사용할 수 있도록 지오지브라 활용 수학 대회를 기획하였다. 마침 수학 교과 교실을 운영하고 있어 다양한 수학 대회가 필요한 부분도 이 대회를 시작하게 된 계기가 되었다.

첫 번째 대회는 '기하프로그램을 이용한 그림 작품 만들기' 이었다. 고등학교 1학년 학생들을 대상으로 도형의 방정식과 부등식의 영역을 이용하여 수학 그림을 만드는 대회였다. 나는 대회에 대한 안내문을

학생작품 : 축구

만들고 쉬는 시간과 점심시간 컴퓨터를 사용할 수 있도록 수학 교과 교실을 개방하였다. 처음에는 아이들이 어떤 대회인지 이해를 하지 못해 한 주일 가량 대회를 준비하는 학생이 거의 없었다. 처음 한두 명이 점심시간에 교과 교실을 찾아와서 관심을 보이더니 완성된 작품을 제출했고 난 제출된 작품을 수업시간마다 보여주었다. 친구들의 작품을 보면서 아이들은 대회의 목적을 이해하기 시작했고 점점 대회를 준비하는 아이들이 늘어났다. 아이들의 작품 중 내가 제일 좋아하는 것은 '목마'라는 제목의 작품이었다. 처음 대회라 대회의 의도를 파악하지 못한 작품이 많았다. 대부분의 작품들이 도형의 방정식을 이용하여 그림을 만들지 않고 도구상자 기능을 이용하여 예쁜 작품을 만들었다. 하지만 '목마'는 원과 직선의 위치, 모양을 이용하여 방정식과 부등식을 계획하고 이것을 지오지브라에 입력하여 만든 작품이었다.

두 번째는 이차함수를 활용하여 지오지브라로 자유롭게 작품을 만들어 보는 과제를 제시하였다. 아이들은 이차함수의 그래프처럼 포물선 모양이 나타나는 작품을 많이 만들었으며, 몇몇 아이들이 이차함수를 등가속도 운동에 적용하여 작품을 만들었다. 이 과정에서 아이들은

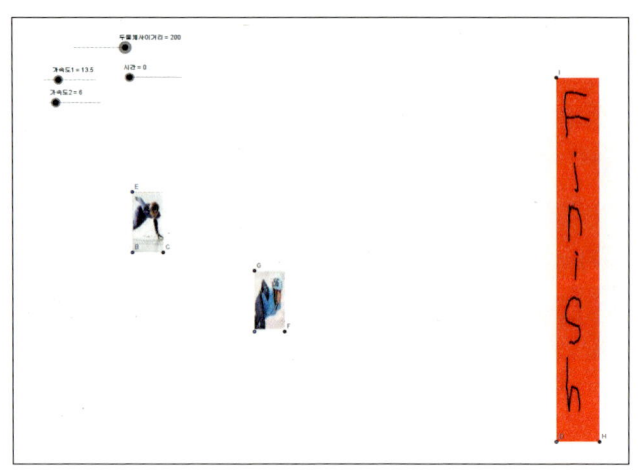

학생작품 : 쇼트트랙

자신이 좋아하는 주변 소재를 이용하여 재미있는 작품을 만들려고 노력하는 모습을 볼 수 있어 좋았다. 남자아이들이라 스포츠를 주제로 한 작품이 많았다. '축구'라는 작품은 박지성이 공을 차면 호날두가 공을 막는 모습을 표현하였으며, '쇼트트랙'은 김동성 선수가 처음에는 오노 선수에게 뒤처지다가 결국에는 이기는 경기를 이차함수로 만들었다.

  2학년 수업을 맡으면서 다양한 초월함수를 활용한 지오지브라 대회를 시도했다. 2학년이 된 아이들은 1학년 때와 달리 지오지브라 대회에 열정적으로 참가했다. 자신의 작품을 만들기 위해 며칠 밤을 새웠고, 수시로 나를 찾아와 자신들이 모르는 지오지브라 기능에 관해 물었다. 그런 아이들을 지켜보면서 '아이들은 왜 저렇게 열심히 할까?' 에 대해 많이 고민했다. 포상이 큰 대회도 아니었고 수상 실적이 중요한 시기도 아니었다. 지금도 여전히 나는 그 답을 알지는 못한다. 하지만 나름대로 생각되는 이유는 있었다. 그것은 아마 자신만의 작품을 만들기 때문이 아니었을까?

학생작품 : 인생이란

특히 '인생이란'이라는 작품을 보면 더욱 그런 생각이 든다. 이 작품에서 인간은 태어나서 기어가다가 유치원을 들어가고 걸어서 학교에 간다. 학교를 졸업하면 넥타이를 휘날리며 뛰어 직장에 입사하고 직장에서 나오면 지팡이를 짚고 무덤으로 향한다. 아이들이 생각하는 '인생'은 학교를 졸업하면 직장을 가지기 위해 넥타이를 휘날리며 뛰어야 하고 그렇게 다니던 직장을 나오면 바로 무덤으로 향하는 것이었다. 아이들과 함께한 지오지브라 대회는 아이들의 생각을 알 수 있어 한편으로 좋으면서도 마음이 아팠던 경험이었다. 그때 아이들이 만들었던 '폭죽놀이', '관람차', '바이킹', '앵그리버드'는 지금 다시 봐도 멋진 작품이라는 생각이 든다.

그 당시 아이들에게 지오지브라는 무엇이었을까? 자기 생각을 그릴 수 있는 도화지가 아니었을까?

아름다운 수학으로 색칠하는 '수학 도화지'.

한국지오지브라연구소 대구팀장
상원고등학교
전수경 (kyung702@geogebra.or.kr)

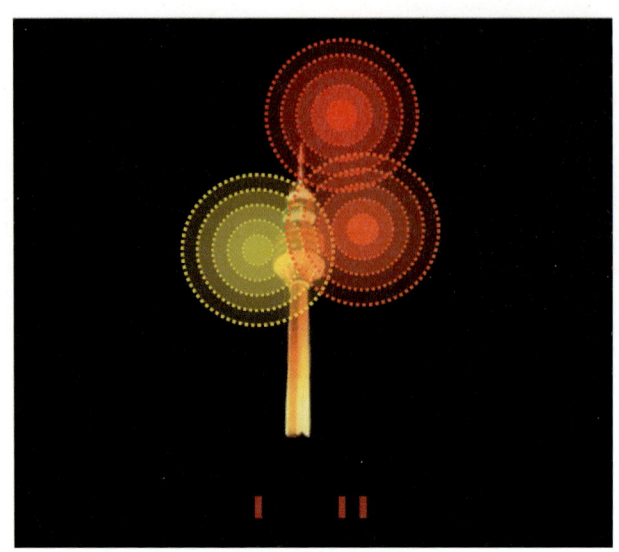

학생작품 : 폭죽놀이

학생작품 : 회전관람차

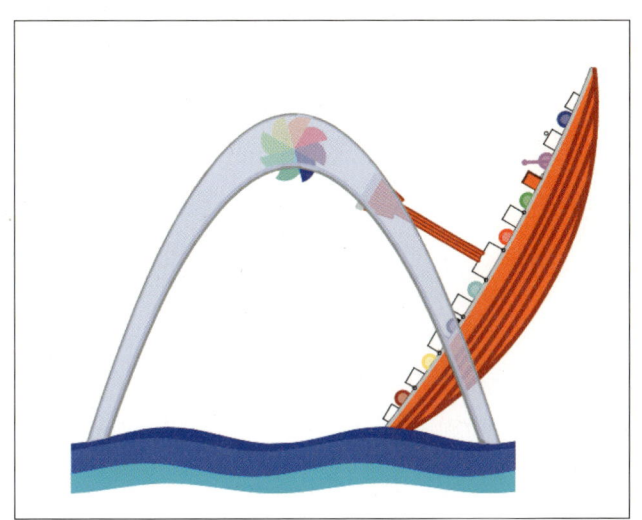

학생작품 : 바이킹

학생작품 : 앵그리버드

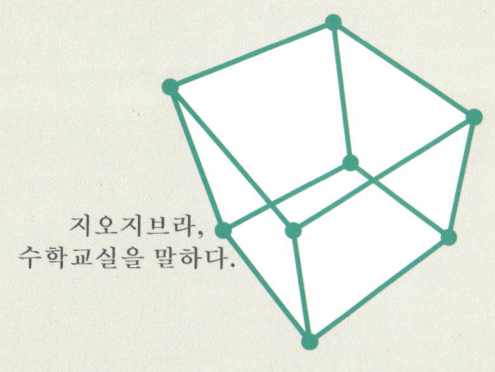

지오지브라,
수학교실을 말하다.

07

지오지브라의
무한한 가능성을 보다

지오지브라와 운명적으로 만나다

2011년 전국수학교사모임의 여름 연수에서 수학 프로그램인 C.a.R (Campass & Ruler)[1]에 관한 연수를 들을 때였다. 이전에는 GSP 연수가 있었는데 그 내용의 대부분이 유클리드 기하에 대한 것이고 작도 과정을 모두 암기해야 하나의 작품을 만들 수 있었다. 그래서 좀 더 쉬운 프로그램은 없을까 생각하면서 찾은 연수가 C.a.R (Campass & Ruler)이었다. 당시 연수 강사는 강의를 마치고 '지오지브라(GeoGebra)'라

---

[1] http://car.rene-grothmann.de/doc_en/overview.html

는 프로그램이 있는데 참고하라면서 인터넷 카페 주소[2]를 알려주었다. 나는 그저 다른 수학프로그램이 있구나 하며 스치듯 지나쳤다.

그러던 중 경기도 수학교과연구회 연구위원으로 교사 연수를 기획, 운영하는 과정에서 지오지브라를 번역한 최경식 선생님을 만나게 되었고 이후 함께 연수를 운영하게 되었다. 우연인지 필연인지 당시 최경식 선생님은 내가 살고 있는 곳과 매우 가까운 의정부에서 근무하였다. 가끔 수원에서 경기도 수학교과연구회의 협의회가 있을 때면 함께 차를 타고 다녔고 곧 친해지게 되었다. 최경식 선생님과는 나이 차이가 있지만 나는 항상 새로운 것에 호기심을 갖고 있었고, '배우는 것에 나이가 무슨 소용이겠는가?'라는 마음으로 열심히 배우러 다녔다. 나를 물리치지 않고 기꺼이 받아 주신 최경식 선생님께 항상 고마움의 마음을 가진다. 이때 나눴던 대화를 통해 우리나라 수학교육의 발전에 대하여 많은 고민을 하게 되었다.

"나에게" 지오지브라는 멋지다

지오지브라의 로고를 보면서 다섯 점의 의미에 대하여 최경식 선생님에게 물어보았다. 최경식 선생님은 그 로고를 보며 "원뿔 곡선이 5개의 점만 있으면 정의가 가능하다"라는 내용을 나타내는 것이라고 알려주었다. 이를 듣고 신선한 아이디어로부터 지오지브라의 로고가 만들어졌다고 생각하였다.

전 세계 지오지브라 사용자가 만들어 놓은 지오지브라 튜브(GeoGebraTube)[3]는 수학하는 사람을 하나로 묶는 하나의 종교와 같은

---

[2] http://www.geogebra.or.kr
[3] 현재는 공식 홈페이지의 자료(Resource)이다.

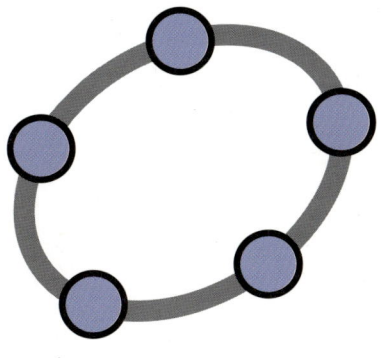

지오지브라 로고의 다섯 점

것이었다.

> 수학으로 하나 되는 세상, 모두를 위한 지오지브라

어쩌면 우리는 지오지브라를 통해 저 먼 나라 사람들과 생각을 공유하고 있는 것 같다. 요즘 화두로 떠오른 협업의 정신을 미리 실천한 지오지브라 팀의 선견지명이 놀랍기만 하다.

과학창의축전 부스를 운영하다

2012년 8월 15일. 과학창의축전(킨텍스)에서 나는 처음으로 지오지브라에 대한 강의를 시작하였다. 선진형 수학교실을 주제로 1시간 30분 동안 일반인(교수, 교사, 학생, 학부모)을 대상으로 하는 강의였다. 첫 지오지브라 강의라서 무척 떨렸다.

"좋은 프로그램이네요. 배트맨 마크를 방정식으로 구현해 보시면 어떤가요?"라고 교수님 한 분이 제안하였다. 나는 인터넷 검색을 통해 바로 배트맨 마크의 방정식을 찾아 지오지브라로 구현하였고 현재도 교사 연수에서 배트맨 그래프를 설명한다.

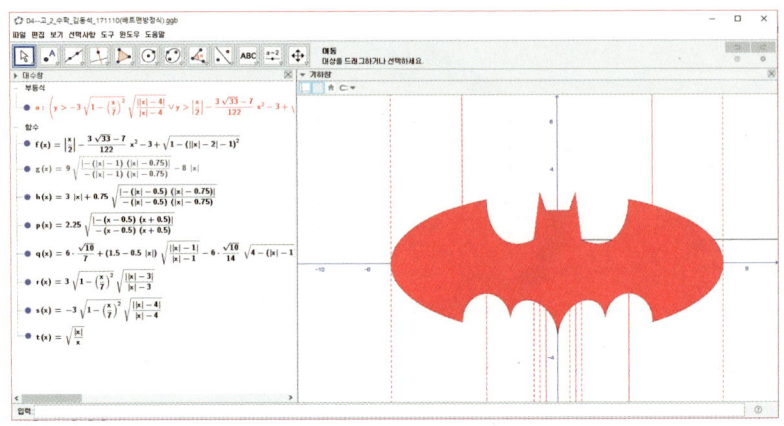

지오지브라로 그린 배트맨 그래프

지오지브라 세미나를 운영하다

2013년에는 일주일에 한 번씩 세미나를 하였으며 내가 원하는 그림을 지오지브라로 작도하면서 다른 선생님들과 함께 공부하기 시작했다. 아마도 이때 지오지브라 기초 실력이 가장 많이 다져졌을 것이다. 이후로 3차원 기하 그림을 수집하고, 모의고사 문제, 수능 기출문제의 그림을 그리는 데 집중하였다.

    학교 현장에서 3차원 공간은 학생들에게 설명하기 제일 힘들었다. 학생들은 우선 이해하지 못했고 그렇기 때문에 문제 풀이가 오래 걸렸다. 그러나 지오지브라를 사용하여 학생들 앞에서 3차원 그림을 그리기만 해도 학생들은 문제의 정답을 알 수 있었다. 지오지브라로 그림을 그리면 학생은 "아하!" 하며 감탄하였고 이해되었다는 표정을 지었다. 내 생각에는 3차원 그림을 그려서 학생들에게 보여주는 것만으로도 문제에 대한 풀이 방법을 학생들이 쉽게 익히도록 할 수 있을 것 같다.

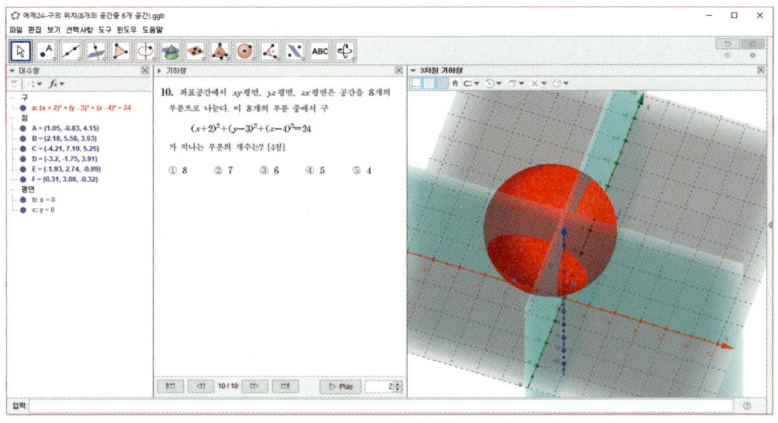

3차원 도형과 관련된 문제의 해결 과정

교사 연구년에 선정되다

지오지브라를 만난 이후 나에게 여러가지 기회가 찾아왔다. 그 가운데 하나가 교사 연구년 제도였다. 당시 나는 1년 동안 마음껏 공부하고 싶었다. 그래서 '지오지브라를 이용한 스마트 교과서 제작'이라는 주제로 교사 연구년을 신청하였고 운이 좋게도 선정되었다. 교사 연구년의 연구 주제는 다음과 같았다.

> ** 교과연구년의 연구 주제 **
>
> 기존 서책형 교과서가 가진 학습 내용의 양적 제한성, 수정 보완의 어려움, 다양한 관점 제시의 어려움의 태생적 한계가 디지털 교육 환경에 적합한 디지털교과서 개발을 가속했다.

하지만 현재 개발된 디지털교과서는 업체의 특정 포맷 양식에 의하여 자료수정이 불가능하고, 교사들이 학생 수준에 맞게 자료를 재편집하기 어렵게 되어 있다. 특히 평가문항 분류 및 수정이 자유롭지 못하고 한글(HWP)과의 호환성이 떨어진다.

수학 교수학습 소프트웨어 프로그램이 기존에 다수 개발되어 있으나 단원별 프로그램 학습방법이 구체적, 체계적으로 제시되지 않고 있다. 단원별로 실제 필요한 프로그램, 그리고 이를 어떻게 하면 효과적으로 적용할 수 있는가에 대하여 고민하여 학생들이 직관적으로 이해할 방법을 고찰해야 할 필요성을 보게 되었다.

이와 같은 시점에 필요한 것은 교사가 교수-학습 자료를 재사용하는 것이 가능하고 수학을 위한 그래픽 소프트웨어가 함께 제공되는 디지털교과서가 되어야 한다고 생각한다. 이에 본인은 연구년 기간 동안 지오지브라 교수학습자료를 제작하여 교사의 재사용이 가능하고 학생도 쉽게 사용할 수 있는 디지털교과서를 제작하고자 한다.

영재교육캠프를 운영하다

2014년에는 경기도 과학교육원 주관으로 영재교육캠프가 열렸다. 이때 처음 수학 과목으로 캠프를 준비해 달라고 요청을 받았다. 주제에 대하여 고민하다가 중학교 학생임을 고려하여 지오지브라를 활용한 기본 도형 탐구, 원뿔곡선의 탐구, STEAM 활동과 학생들이 제작한

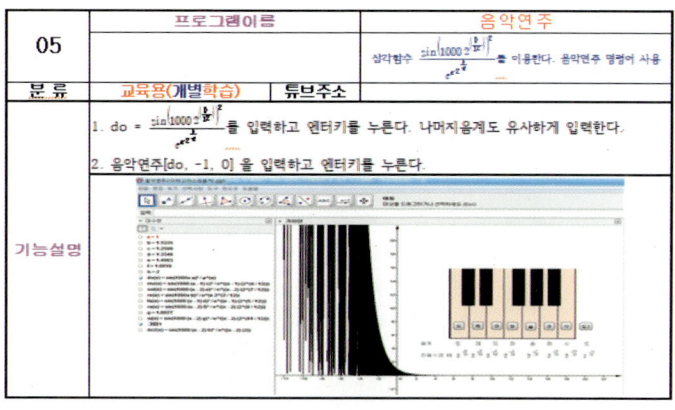

음악연주 명령과 관련된 수업 자료

작품을 발표하는 활동을 하였다.

    비록 3시간이었지만 수학 교과의 영재교육캠프로 첫발을 떼었다. 그때 나는 학생들과 삼각함수를 이용한 피타고라스 음계를 제작하고 건반을 만드는 수업을 진행하였다. 수업중 한 학생이 지오지브라에서 만든 음계가 자신의 집에서 치는 피아노 소리와 조금 다르다고 하였다.[4] 이에 함수를 조금 수정하면 음계를 조정할 수 있다고 설명하였다. 이와 같은 과정을 통해 지오지브라를 활용한 융합 주제에 접근할 수 있었다.

지오지브라를 수학 수업에 적용하다

학교에서 지오지브라를 활용하여 연구수업을 준비할 때 수학 전공이신 교장 선생님께서 아픈 다리를 이끌고 직접 컴퓨터실에 오셨다. 갑자기 많은 부담감이 찾아왔다. '과연 아이들이 잘 할 수 있을까?', '아니 정확히 말하면 내가 잘 할 수 있을까?' 라는 생각이 들었지만 용기를

---

[4] 이후에 알아보니 이 학생은 음악 영재였다. 자신이 듣는 소리를 정확히 구분하는 '절대 음감' 의 학생이었다.

김동석 선생님의 수업에 관한 기사(수학 동아)

내어 수업을 시작했다.

　학생들이 함수의 극한값을 구하고 이후 지오지브라에서 그래프를 그려 자신이 구한 값과 비교해 보는 활동이었다. 나는 학생들에게 지오지브라의 '점근선' 명령을 알려주었고 학생들 자신이 노트에 풀었던 것과 지오지브라를 이용하여 그래프를 그린 것을 서로 확인하도록 하였다. 아이들은 당황하지 않고 과제를 잘 수행하였다. 교장 선생님은 학생들이 컴퓨터실에서 수학을 공부하는 것에 대해 신선했다고 말씀해 주셨다. 이후 내가 지오지브라 연수 강사로 활동하는 것에 대하여 주변에서 긍정적으로 인식하게 되었다.

　최경식 선생님의 소개로 '수학 동아'라는 수학 월간 잡지에서 인터뷰를 하고 싶다고 했다. 나는 처음 겪는 일이고 부담스러워서 처음에는 거절했다. 그러나 당시 취재 기자는 수업하면서 편안하게 사진만 몇 장 찍으면 된다고 하여 인터뷰에 응하게 되었다. 지오지브라로 인해 많은 경험을 해 보는 것 같다.

지오지브라를 교사에게 강의하다

전국의 1정 연수를 비롯하여 교과연구회, 전문적 학습 공동체 연수를 많이 다녔다. 그때마다 '이제는 지오지브라에 대하여 많이 알고 계시지 않을까?' 하는 생각을 갖고 있었다. 하지만 아직도 지오지브라를 처음 알게 되었다는 선생님들이 많았다.

게다가 '그거 어디다 써요?', '계산을 해주면 아이들이 푸는 게 없잖아요?', '아이들 생각을 죽이는 거 아닌가요?' 등의 부정적인 질문도 많이 나왔지만, 스스로 생각하면서 그래프를 그리기 때문에 학생으로 하여금 풍부한 사고의 기회를 주는 것 같다는 긍정적인 반응도 있었다.

CAS 기능을 이용하는 것에 있어 학생들 스스로 문제를 풀면서 지오지브라로 결과를 확인할 수 있다. 이는 사교육비 절감에도 기여할 수 있다고 생각된다.

지오지브라 서적을 번역하다

최경식 선생님의 소개로 외국 논문집을 번역하는 일에 참여하게 되었다. 나는 새로운 시각을 접할 좋은 기회라 생각하고 도전해 보기로 하였다.

번역 작업을 하면서 컴퓨터 프로그램에서 사용되는 영어와 일상생활영어가 달라 의역이 필요했다. 예를 들어 View라는 용어는 일상영어에서는 관점, 보기 등으로 해석할 수 있지만, 지오지브라에서

지오지브라를 활용한 모델 중심 학습

창으로 번역하면 훨씬 매끄럽다는 것을 알게 되었다. 이 경험은 이후 지오지브라 온라인 매뉴얼을 번역하는 데 있어 큰 도움이 되었다.

융합교과자료 개발프로젝트에 참여하다

2017년에 최경식 선생님으로부터 SW·수학·과학 융합형 교수학습자료 개발·보급 사업에 연구 개발진으로 참여하면 어떻겠냐는 요청을 받았다. 주제가 신선하고 앞으로 누군가는 해야 할 일인 것 같았다. 나는 고등학교 실생활 문제 해결형 과제(수학 아이콘 만들기) 개발에 참여하였다.

학교의 컴퓨터실에서 학생들에게 지오지브라의 간단한 사용법을 알려준 후 함수의 그래프를 그려 자신이 원하는 아이콘을 만들도록 하였다. 이 활동에 많은 학생들이 적극적으로 참여하였고 창의적인

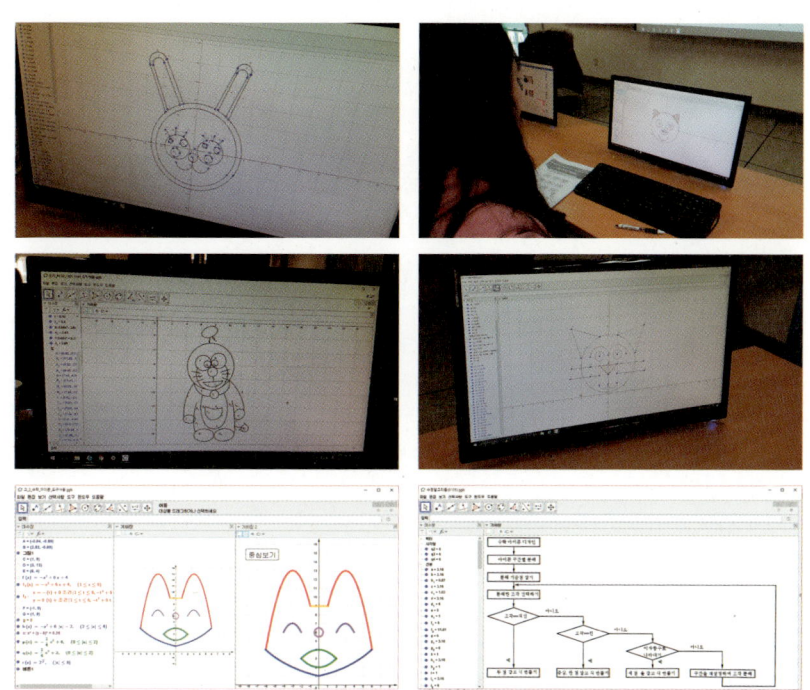

융합수업 : 수학 아이콘 만들기

아이디어를 제시하였다. 앞으로 수학 수업을 진행하면서 이와 같은 방법을 도입하면 학생들에게 도움이 되겠다고 생각하였다.

지오지브라로 수학 그림을 그리다

참으로 많은 그림을 그렸던 것 같다. 내게 필요한 그림과 함께 주변 선생님의 수학 그림을 그려달라는 부탁을 들어주기 위해 나는 열심히 지오지브라에서 수학 그림을 그렸다. 수학 그림을 그리는 것이 너무 재미있었다. 또한 수학 그림을 다른 선생님에게 그려주면 좋아하는 모습에 보람을 느꼈다.

시험문제를 출제하고 지오지브라로 확인하는 과정에서 오류를

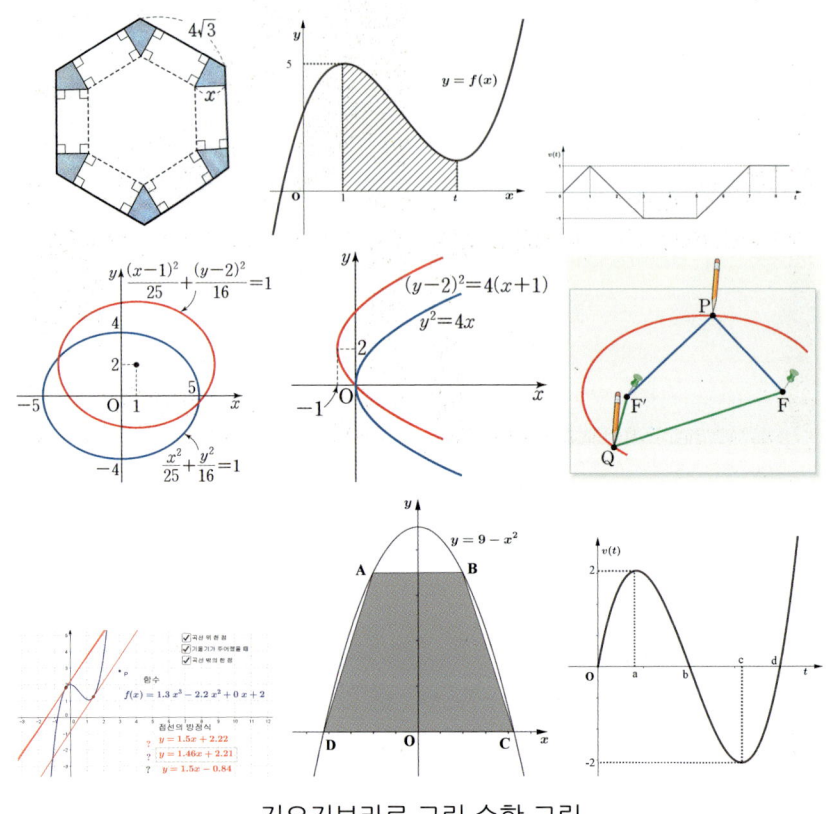

지오지브라로 그린 수학 그림

발견하고 수정하기도 하였다. 이후로 문항을 출제한 후 지오지브라로 문제를 점검하는 습관이 생겼다.

지오지브라는 나의 가능성을 열어준다

지금까지 나의 활동을 돌아보면서 지오지브라는 나에게 무한한 가능성을 열어주었다는 사실을 알게 되었다. 지금은 교사로서 다양한 활동을 하고 있지만 지오지브라가 없었다면 이렇게까지 활동하지는 못했을 것이다. 나에게 무한한 가능성을 보여준 지오지브라와 이를 개발하기 위해 애쓴 모든 분들께 감사를 드린다.

한국지오지브라연구소 부소장 & 수도권팀장

부용고등학교

김동석(mathvillage@geogebra.or.kr)

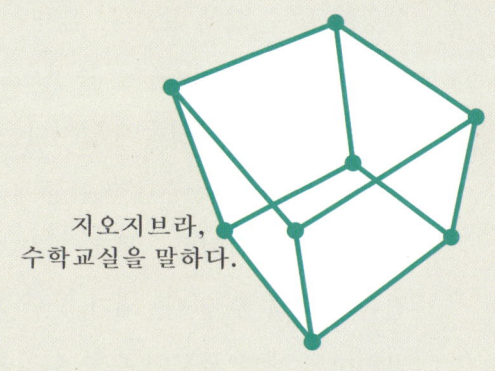

지오지브라,
수학교실을 말하다.

08

지오지브라로
수학 교실을 바꾸다

어느덧 지오지브라를 안지도 6~7년이 다 되어 간다. 이 시간만큼 지오지브라의 기능은 더욱 막강해지고 다양한 사람들의 의견이 반영되어 발전해 가고 있다. 나에게 있어서 지오지브라와의 만남은 수학 교육 방법에 있어서 큰 전환점이 되었다고 할 수 있다.

이전에는 학생들에게 효율적인 방법으로 내용을 전달하고 학생의 수학 실험을 돕는 교구를 소개하였으며 이를 통해 유의미한 결과를 도출하고자 하였다. 하지만 한 번 만들면 변형시킬 수 없는 교구를 활용한 조작 활동을 통해서 정확하게 표현되지 않는 다양한 변수까지 고려하면 수학 시간에 학생들에게 제공되는 경험은 극히 제한적인 상황이 될 수 밖에 없었다. 점차 시간이 지나면서 나의 수업은 이론적인 방법과 무미건조한 풀이, 증명으로 채워져 가고 있었다.

 선생님들의 머릿속에 일어나는 과정을 꺼내서 학생들에게 생생하게 전달할 수 있는 것에 대한 갈증에 허덕이고 있을 때 최경식 선생님과의 만남이 시작되었다. 처음 지오지브라 연수를 듣고 내 몸에 흐르던 전율을 잊을 수 없다. 내가 찾던 최상의 "수학만을 위한 공학 도구"를 발견하고 내가 꿈꾸던 수학 수업을 실현할 수 있겠다는 생각이 머릿속으로 가득했다. 또한, 교육과정 중심의 수업이 강조되는 정책의 방향에 맞게 지오지브라는 이러한 수업을 최적으로 구현하고 활용할 수 있는 도구라는 것을 알게 되었다. 많은 선생님이 지오지브라의 기능을 다 알지 못해서 수업시간에 활용하기 어렵다고 생각한다. 시험문제 그림을 그리고 어려운 기능을 활용하여 구현한 도형들의 활용에 가려 본연의 기능인 탐구하고 발견하는 능력이 가려진 것 같아 아쉽다.

 지오지브라 활용에서 가장 중요한 점은 학생들이 수학 수업 시간에 내용을 깨닫기 위해 수학 실험을 하는 것이다. 이를 위해 수업시간에 활용되는 지오지브라의 기능은 2, 3가지로 충분하다. 수업에 있어서 지오지브라는 보조 도구일 뿐이기 때문이다. 점과 변수를 변화시킬 수 있는 지오지브라의 능력을 활용하여 학생들이 스스로 수학 실험을 설계하도록 수업을 구성한다면 학생들은 칠판 위에 정지한 그림이 아닌 생명력있는 수학 도형을 경험하게 될 것이다. 이를 위해서는 선생님의 부단한 노력이 필요하다. 결국, 선생님이 어떤 방법으로 학생들의 수학 실험을 설계하느냐에 따라 지오지브라의 활용을 극대화시킬 수 있다.

 지오지브라를 활용한 수업을 하려면 학생들이 노트북 아니면 컴퓨터를 한 대씩 가지고 있어야 한다는 제약이 존재한다. 필자 역시 이와 같은 환경의 제약에 부딪혀, 수업을 하기 위해 컴퓨터실을 빌려서 수업했던 일이 생각난다. 학생들은 공학 도구를 활용한 수업을 경험한 적이 없기 때문에 처음에는 어색하게 생각하였다. 하지만 시간이 지날수록 학생들은 공학 도구를 활용한 수학 수업이 칠판 수업보다 더 재미있다고 생각하였고 점차적으로 학생들이 능동적으로 활동하는 수업으로 변화되고 있었다. 교사가 시간을 투자하여 수학 실험 중심의 수업을 설계하고 이런 수업에 학생들이 참여할 수 있도록 환경을 조성하는 것이 중요하다. 요즘은 단원마다 지오지브라를 활용하여 지도하는 방법이 수록된 지도서도 많이 있지만 선생님이 자신의 수업을 설계하기 위해서는 스스로 어떤 기능을 활용하여 학생들에게 경험을 제공할지에 대하여 선택해야만 한다.

앞으로의 교육은 문제풀이 위주의 수업이 아닌 변수를 포함한 동적인 상황에서 수학 실험을 통해 여러 가지 답이 나올 수 있는 방향으로 발전해 나갈 것이다. 앞으로 수학 수업에서 지오지브라의 활용은 더 중요해질 것이라 생각한다.

한국지오지브라연구소 대전팀장
대전반석고등학교
박희정 (dark8871@geogebra.or.kr)

대전 지오지브라팀 워크샵(2014년 1월)

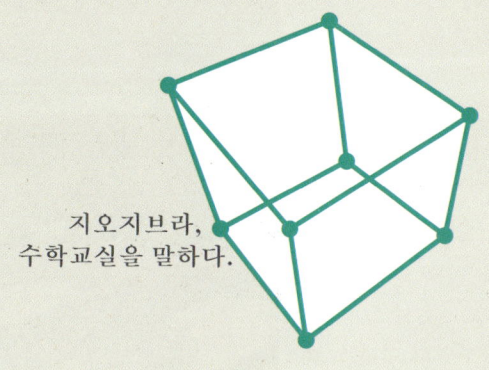

지오지브라,
수학교실을 말하다.

09

노트: 지오지브라 컨퍼런스를 마치고 나서...

요약

이 글은 2012년 한국에서 열린 지오지브라 컨퍼런스 2012(GeoGebra ICME Pre-conference 2012)를 설명하고 있다. 학회를 잘 마친 후 학회에 대해 소개를 하는 기사이다.

2012년 7월 8일, 일요일 아침. 코엑스 건물 C-317호에 많은 사람이 찾아오기 시작했습니다. 바로 이곳에서 ICME 컨퍼런스에 앞서, 지오지브라에 관심 있는 전 세계의 수학교육 연구자, 교사, 학생 등을 위한 지오지브라 컨퍼런스 2012(GeoGebra ICME Pre-conference 2012)가 열리기 때문이었습니다. 지오지브라 컨퍼런스 2012는 교원대학교 지

지오지브라 개발자 Markus Hohenwarter의 비디오메시지

오지브라 연구소(GeoGebra Institute of KNUE)와 전국수학교사모임 지오지브라 연구소(GeoGebra Institute of KSTM), 국제 지오지브라 연구소(International GeoGebra Institute)의 협력 가운데 개최되었습니다.

이 행사의 의미 있는 점은 행사의 기획, 운영이 우리 지오지브라 팀원들의 힘으로 이루어졌다는 것이었습니다. 우리는 ICME 컨퍼런스를 맞아 외국에서 찾아오는 많은 사람들 가운데, 지오지브라 컨퍼런스에 관심이 있는 분들에게 모두 연락을 하여 신청을 받았습니다. 그리고 행사 운영을 위한 제반 준비를 진행하였습니다.

본래 지오지브라 컨퍼런스는 100명의 참여자를 예상하고 준비하였으나, 행사 직전까지 신청자는 160여 명이 넘었습니다.

행사 당일, 컨퍼런스는 지오지브라 개발자 Markus Hohenwarter의 비디오 메시지로 시작되었습니다. 이어서, 전 세계에서 오신 유명한 교수님들의 기조연설[1]과 함께, 지오지브라에 관련된 다양한 연구에

---

[1] 류희찬(한국교원대학교), Balazs Koren(국제 지오지브라 연구소), Zsolt Lav-

Zsolt Lavicza 교수(Cambridge 대학)의 지오지브라 소개 강연

대한 발표가 이루어졌습니다.

    거의 8시간이 넘도록 강의를 지속하였음에도 참여자들 모두 열심히 컨퍼런스에 참여하였고, 컨퍼런스 운영에 대한 불만 사항도 없이 원활하게 진행되었습니다.

    지오지브라 팀은 2012년에 구성된 신생팀이었지만, 이번 행사를 통하여 자체적으로 국제 행사를 운영하는 경험을 쌓을 수 있었으며, 전 세계의 사람들에게 한국 지오지브라 팀에 대한 좋은 인상을 줄 수 있었다는 것에 큰 의미를 가지고, 앞으로도 국제 지오지브라 연구소와 아시아 국가들의 지오지브라 연구소와 긴밀히 협력하면서, "모두를 위한 움직이는 수학"을 위하여 노력하고자 합니다.

한국지오지브라연구소장
세종과학예술영재학교
최경식(kyeong@geogebra.or.kr)

---

icza(케임브리지 대학교), Cao Yiming(북경사범대학), Gabriel Stylianides(옥스포드 대학교)

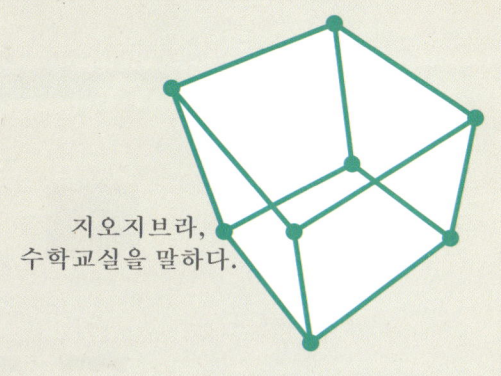

지오지브라,
수학교실을 말하다.

10

노트 : 지오지브라와 함께
'말이 필요없는 수학'에 다가서다

요 약

이 글은 전국수학교사모임의 저널(수학과 교육)에 Tim Brzezinski의 지오지브라 작품을 소개하면서 지오지브라와 '말이 필요 없는 수학'의 의미에 대하여 설명한다.

이장에서는 앞으로 다양한 지오지브라 작품을 분석하기 전에 그 의미를 스스로 되짚어 보는 시간을 가져보려 한다. 이는 필자 스스로 수학과 동적 수학, 무언 증명 등의 개념을 정돈하는 시간을 갖는 것이 필요했기 때문이다.

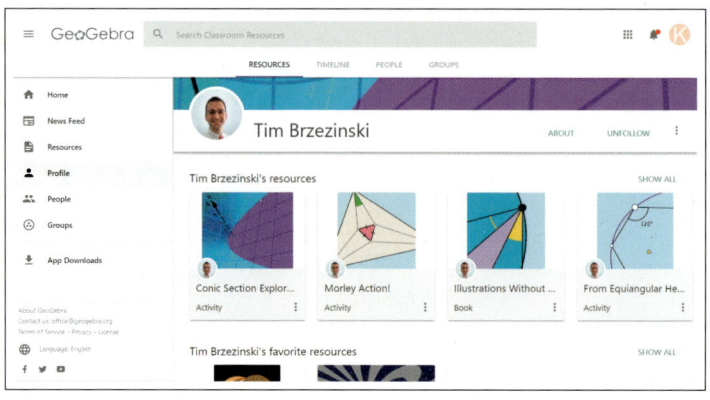

Tim Brzezinski의 지오지브라 자료

　　Tim Brzezinski[1]의 작품의 특징은 "시각 증명"이라고 할 수 있다.[2] 슬라이더를 움직이는 조작을 통해 학습자는 시간의 흐름을 느끼고 증명의 과정은 물 흐르듯이 진행된다. Tim Brzezinski의 증명은 하나의 이야기를 들려주는 것 같다. 도형의 구성요소와의 관계를 차례로 밝힌다. 이와 같은 증명의 방식을 시작한 것으로 여겨지는 것은 바로 로저 넬슨이다. 사실 이와 같은 증명의 기원은 '당연히' 고대로 넘어가지만 이와 유사한 내용을 정리하여 이슈화한 것을 의미하는 것이다. 로저 넬슨은 Proof Without Words[3] 라는 책의 저자이다.

　　'눈으로 보며 이해하는 아름다운 수학(Math Made Visual)'이라는 제목의 책도 있는데 이는 PWW에 대한 해설서라고 볼 수 있다. 클라우디 알시나와 로저 넬슨이 공저한 책이다. 클라우디 알시나는 무언 증명에 대하여 좀 더 구체적으로 종류를 분류하고 논리를 명확히 했다.

---

[1] https://www.geogebra.org/u/tbrzezinski
[2] 시각 증명이라는 말은 시각적 대상의 조작을 통해서 정당화를 꾀한다는 측면에서 필자가 붙인 이름이다.
[3] 종종 PWW라고 많이 한다. Riss와 같은 국내 논문 검색 사이트에서 PWW를 검색하면 Proof without words와 관련된 자료가 나타난다.

PWW에 관한 책

지은이 서문에 보면 다음과 같은 글이 있다. 이것을 통해 필자는 좀 더 나은 무언 증명에 대한 관점을 얻게 되었다.

> ...(중략)...
> 이 책을 읽는 독자들은 아마도 우리가 테크놀로지를 이용하는 내용은 다루지 않고 있다는 것을 눈치챌 것입니다. 이 책에서 다룬 대다수의 그림들은 테크놀로지의 사용과 무관하며 그렇기 때문에 때문에 원하는 그림을 다양한 방법-칠판과 분필, 손으로 그린 OHP 용지, 컴퓨터 프로그램-으로 만들어서 볼 수 있을 것입니다. 우리의 관심은 그림을 표현하는 다양한 방법이 아니라 그림을 만드는 데에 있기 때문입니다. (Math Made Visual 본문 중에서)

알시나 교수는 테크놀로지의 사용에 대하여 한 걸음 뒤로 물러나는 관점을 가졌지만 필자는 이것이 많은 사람들이 이 책을 보고 테크놀로지의 한 부분으로 치부해 버리고 그 의미를 잘 깨닫지 못할까봐 경각심을 주려는 저자의 의도라고 생각한다. 이 글을 통해 필자는 "수학을 하는 (Doing Math) 것"이 무엇인지 생각해 보았다. 소프트웨어를 활용한 수학 학습을 보통 "동적 수학"이라고 하는데 사실 알시나 교수의 책의 관점을 취하면 이는 단지 소프트웨어의 것만은 아니다. 본래 수학이라는 것, 수학 그림이라는 것이 동적인 속성을 지니고 있는 것인데 이를 정적인 그림으로 표현하는 과정에서 정적인 속성이 부각된 것이라고 보는 것이 타당할 것이다. 알시나 교수가 지적한 "소프트웨어가 아닌" 것을 활용하여 수학적 지식에 대한 시각적 탐구에 대한 사례가 있다. Alejandre(2005)[4] 가 제시한 교실에 컴퓨터가 없는 상황에서는 시각적으로 어떻게 증명을 해야 할까? 필리핀에서는 교실에 컴퓨터가 없는 상황이 많은데 이런 경우에는 지오지브라 애플릿 대신 카드보드, 볼트, 너트 등을 이용하여 조작물을 만들어보고 그 결과를 학생과 서로 논의하는 방식으로 수학에 대하여 논의한다고 한다.[5]

가끔 사람들이 필자에게 "수업시간에 지오지브라를 얼마나 활용하세요?"라고 묻는다. 아마도 필자는 수업 시간 내내 지오지브라를 활용한다고 생각하고 그 사례를 듣고 싶어서 그런 것 같다. 하지만 필자는 고백하고 싶다. 필자는 수업을 잘 하는 사람은 아니다. 오히려 필자는 지오지브라를 활용하든, 아니든 필자보다 훨씬 뛰어난 수업을

---

[4] Alejandre, S. (2005). The reality of using technology in the classroom. In W. J. Masalski (Ed.), Technology-supported mathematics learning environments: Sixty-seventh yearbook of the National Council of Teachers of Mathematics (pp. 137 - 150). Reston, VA:NCTM.

[5] Bu, L and Schoen, R. (2015). 지오지브라를 활용한 모델 중심 학습 (류희찬 외 9인 역). 서울: 교우사. (원서출판 2011).

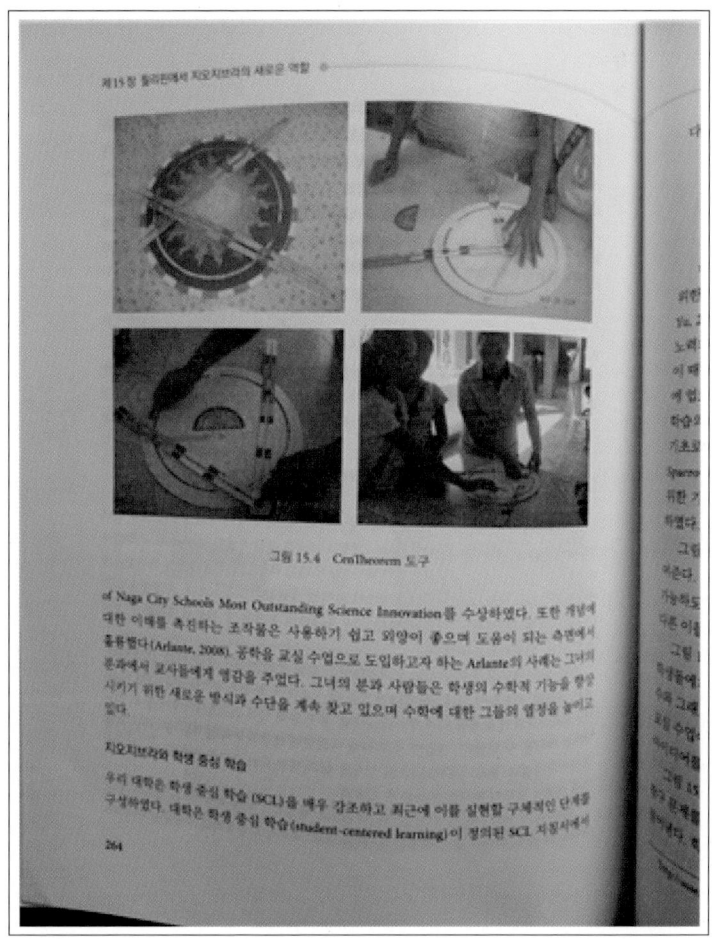

필리핀에서 활용된 CenTheorem 도구(카드보드, 볼트, 너트로 이루어진 동적 수학 도구)

진행하는 분들을 보았다.

    필자가 아주 뛰어난 수업을 진행하지 못한다는 것이 필자 스스로는 큰 장점이라고 생각한다. 스스로에게 위안인지도 모르겠다. 왜냐하면 필자는 수업을 필자만큼 하는 사람을 위해서 지오지브라를 연구하게 될 것이기 때문이다. 필자는 피타고라스 정리에 대한 시각 증명[6]에 관한 책을 쓴 적이 있다. 이는 사실 다른 분이 만든 자료를 정리해 놓은 것에 불과했다. 그러나 필자는 그 책의 한 부분에 연필로 그림을 그리며 생각할 수 있는 여지를 마련해 놓았다. 학생에게 중요한 것은 다른 사람의 생각을 그대로 전달하는 '잘 만들어진 애플릿(Applet)'이 아니다. 학생이 생각할 수 있는 단초를 만들어 주는 그림, 애플릿이 중요한 것이다.

최근에 만난 어떤 수학 선생님은 필자에게 이렇게 물었다.

"아직 지오지브라로 된 전 학년의 각 상황에 따른 지오지브라 자료는 안 만들어진 것이잖아요. 교사 개인이 만들어야 되는 거잖아요."

그 질문을 받고 필자는 잠시 멈칫했다. 약 20년째 그 고민을 하고 있다면 이 선생님은 믿을까? 아니면 그것이 사실상 불가능한 일이지만 최대한 가능하게 하려고 애쓰고 있다고 이야기해도 설득이 될까?

결론부터 이야기하면 사실상 불가능한 것이다. 아이러니가 아닐 수 없다. 지금 현재 약 100만개의 지오지브라 자료가 지오지브라에서 제공하는 클라우드에 있음에도 불구하고 일종의 "표준화"된 자료가 존재할 수 있을까?

우리는 표준화라는 환상에 젖어있다. 표준화라는 것은 모든 사람의 사고가 동일할 때 가능한 일이다. 하지만 필자는 (아니 거의 대부분의 선생님들도) 동일한 내용으로 수업을 진행하지만 어떤 반은 분위기가 좋고, 어느 반은 분위기가 나쁜 것을 경험했을 것이다. 물론 결국에는 학생의 태도의 문제이지만 혹시 의사소통의 방식이 적절하지 않아서

---

[6] 최경식 (2016). 지오지브라와 함께하는 한 눈에 보이는 피타고라스 정리. 서울: 한국지오지브라연구소.

그랬던 것은 아니었을까? 혹은 제시된 자료가 학생들에게 와닿지 않아서 그랬던 것은 아니었을까? 같은 교실에 앉아있는 학생들 개개인도 들여다보면 모두 다른 생각을 하고 있다. 동상이몽이 따로 없다. 이것에 대하여 구성주의적 관점으로는 학생들이 개개인적으로 지식을 생성하기 때문이라고 하고 온건한 구성주의 입장에서는 학생들의 겪은 경험이 서로 다르기 때문이라고 한다. 어찌되었든 우리는 서로 다른 생각을 하는 가운데 의사소통을 하려고 노력하는 것이다. 필자가 이 이야기를 하는 것은 동일한 지오지브라 자료를 볼 때 교사와 학생, 학생과 학생은 서로 다른 생각을 한다는 이야기를 하고 싶은 것이다. 그래서 교사는 학생에게 자신이 지오지브라 자료로 만든 것을 보여주며 열심히 설명하고 싶겠지만 사실은 수업을 할 때 지오지브라 자료를 보기보다는 '학생'을 먼저 바라봐야 한다. 학생을 바라보고 학생이 궁금해 하는 것이 무엇인지 물어봐야 한다. 그것만 하면 수업이 원활하게 진행된다.

진정한 앎은 '모름'을 깨달으면서 시작한다

필자는 알면 알수록 자신이 잘 모른다는 것을 경험해야 한다고 생각한다. 예전에 대학원 공부를 하려는 필자에게 누군가 들려줬던 이야기였다. 구글에서 "phD picture"라는 검색어로 검색을 해 보라. http://matt.might.net/articles/phd-school-in-pictures/의 그림을 볼 수 있다.

이 그림은 '박사'라는 것이 많은 것을 아는 것 같지만 지식의 아주 작은 부분의 경계에서 아주 작은 부분을 뚫고 나오는 혹같은 것인데 전체 지식의 입장에서는 거의 보이지 않을 정도로 미미한 것이라는 것이다.

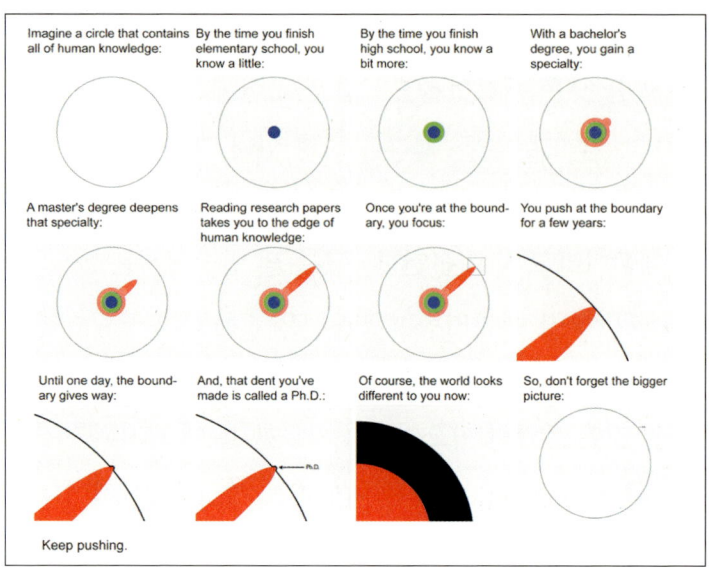

http://matt.might.net/articles/phd-school-in-pictures/

　　하지만 이와 같은 경험을 박사만 해서는 안되고 '모든 학생들'이 경험할 수 있도록 해야 한다. 그러기 위해서는 정해진 지식만 전달하는 방식으로 지오지브라를 활용하기 보다는 주어진 지오지브라 자료를 보고 자신의 생각을 조금이라도 적어보는 식으로 학생들의 다양성을 추구해야 하며 그 과정에서 자신이 진정 잘 모르는 것이 많고 '진리탐구'가 필요하다는 것을 학생들에게 자극해야만 한다.

한국지오지브라연구소장
세종과학예술영재학교
최경식 (kyeong@geogebra.or.kr)

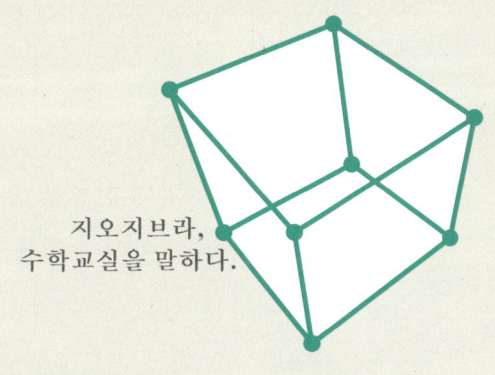

지오지브라,
수학교실을 말하다.

11

노트: 지오지브라와 함께 수학교실의 미래를 엿보다

요약

이 글은 전국수학문화연구회에서 발간하는 저널에 실린 기사로 지오지브라와 수학 교실의 미래에 대하여 소개하고 있다.

필자는 미래가 되면 컴퓨터 프로그램을 사용하여 수학을 매우 재미있게 공부할 수 있는 시대가 오는 줄 알았다. 하지만 '수학에는 왕도가 없다'는 말과 같이 고대부터 현대에 이르기까지 '수학'을 '재미있다'고 여기는 사람은 아주 극소수에 불과한 듯하다. 필자가 근무하는 학교의 원어민 선생님이 필자의 전공을 물어본 적이 있었다.

"Mathematics!"

이 단어에 원어민 선생님이 상당히 **당황**했지만 필자는 곧바로 이어서 대답했다.

"I understand!"

필자는 그 선생님의 반응을 충분히 이해할 수 있었다. 이 세상의 어느 누구라도 수학을, 아니 수학을 하는 사람을 옆에 두고 즐거워하지는 못한 것이 대부분이다.

심정적인 거부감에도 불구하고 학교 현장에서 '수학'은 매우 주목받는 과목이다. 학력을 측정하는 기준이 되기에 그런 것이다. 모두 대학을 가기 위해서 '수학'을 하는 것이다. 아마도 대학가는 데 수학 점수가 반영되지 않는다고 하면 모두 과감하게 버릴 것이다. 아마도 '철학'과 비슷한 취급을 받을지도 모른다. 하지만 아직도 '철학'을 공부하는 사람이 있고, 가끔은 '수학'이 재미있다고 하여 공부하는 사람도 있다.[1]

동적 수학(Dynamic Mathematics). 여기서 '동적(Dynamic)'이라는 단어는 **변화, 무한, 연속, 공변성** 등의 말을 함축하는 것이다.[2] 정지해 있는 것은 많은 경우 수학이 될 수 없다. 수학은 다양한 사례를 하나로 묶을 수 있는 원리를 의미한다. 그 사례는 유한하기도 하지만 때로는 무한하기도 하다. 연속적으로 변화하기도 한다. 이를 그림으로 모두 표현하는 것은 불가능하다. 수학책의 그림은 어쩔 수 없이 정지되어 있어서 책의 저자는 독자가 '사고 실험(thought experiment)'을 통하여 그림 속의 대상을 움직이기를 요구한다. 하지만 독자는 책을 그와 같이 읽지 못한다. 행간(行間)을 읽는 것은 쉬운 일이 아니다. 수학의 동적 속성은 수학 책에서의 읽기 어려운 행간이 된다.

---

[1] 필자도 그런 사람의 하나라고 감히 생각해 본다.
[2] 필자의 소박한 생각이지만 이와 같이 생각하는 사람이 많으리라고 본다.

로고(LOGO)의 거북이는 본래 실물이었다. 아이들이 로봇 거북을 명령하고 움직이는 모습을 지켜보고 있다.

이 행간을 읽지 않고도 입시 문제는 풀 수 있다. 정해진 규칙이 있고 이 세상에 무한한 문제가 있는 것도 아니다. 어느 정도 공부하고 나면 유사한 문제들의 반복인 것이다. 교사는 학생들에게 문제를 잘 이해할 수 있기 위해서 '동적 수학 자료'를 보여주지만 학생들은 그와 같은 행간을 읽기 원하지 않을 수도 있다. 그들은 행간을 읽는 것 대신 "밑줄 쫘악~" 하고 그 문제를 해결하기 위한 요령을 더 원하는 경우가 많다.

동적 수학은 우리가 수학책의 읽기 어려운 행간을 읽기 위해 필요한 것이기에 아직까지 지오지브라의 동적 자료가 수학 교실에서 잘 활용되고 있지 못하다는 느낌을 지울 수 없다. 우리나라의 이와 같은 모습에도 불구하고 전 세계적인 추세는 '입시'보다도 수학 책의 행간을 읽는데 더 가치를 두는 것 같다. 점차적으로 '동적 수학'은 학교 현장에 조용히 녹아들 것이다.

2명의 아이가 태블릿에서 GSP 자료를 조작하고 있다.

최근 동적 수학 소프트웨어[3]는 큰 변화의 시기를 맞고 있다. 1980년대 로고(LOGO)를 시작으로 1990년대의 동적 기하 소프트웨어인 Cabri, GSP, Cinderella를 거쳐 2000년대 초기에 지오지브라에 이르기까지 수많은 소프트웨어가 나타났다 사라지기를 반복했다.

앞의 언급된 몇몇 소프트웨어는 그동안 여러 사람에게 사용되고 인정된 소프트웨어이다. 그 가운데 지오지브라는 아주 작게 시작했지만 현재에는 전 세계 200여 개국에서 62개의 언어로 번역되어 사용되고 있는 대규모 사용자층을 가지고 있는 소프트웨어이다. 지오지브라의 장점이라는 것은 두꺼운 사용자층과 헌신적인 자원자(volunteer), 온

---

[3] 동적 수학이라는 것은 변화를 제시할 수만 있으면 되기 때문에 필리핀의 어느 연구에서는 종이와 막대로 도형을 움직이면서 동적 수학을 구현한 사례도 있다. 그러나 많은 경우 동적 수학이라 하면 소프트웨어를 기반으로 하는 수학 활동을 지칭한다.

지오지브라의 클라우드. 100만개 이상의 자료가 제공되고 있다.

라인의 자료 공유 클라우드라고 할 수 있다. 현재 지오지브라는 약 100만 개의 자료를 온라인 상에 공유하고 있으며 이를 무상으로 다운로드 받을 수 있다.

    필자는 지오지브라에 애착이 많지만, 지오지브라가 모든 동적 수학 소프트웨어 가운데 가장 좋다고 생각하지는 않는다. 다만 지오지브라는 동적 수학 소프트웨어 가운데 다양한 소프트웨어적 기능을 포함한 좋은 모범이 된다. 지오지브라, 그리고 그 발전상황을 살펴보는 것은 동적 수학의 미래를 예측하고 교사로서 미래의 수학 수업을 준비하는 데 중요하다.

지오지브라의 급진적 변화

지오지브라 센서(GeoGebra Sensors). 스마트폰용 앱으로 스마트폰의 가속, 자력 센서 등의 정보를 수집하여 지오지브라 앱에 전송한다. 지오지브라에서는 수집된 정보를 분석할 수 있다.

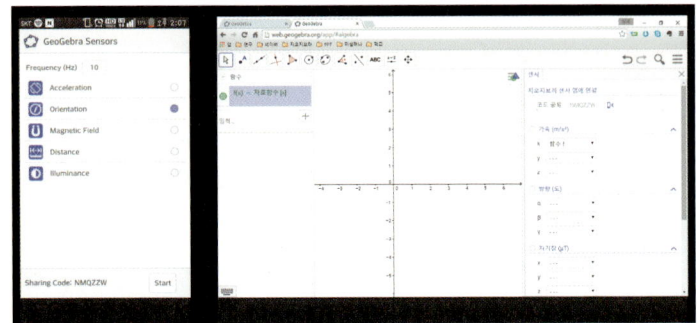

지오지브라 센서(GeoGebra Sensors)의 모습

원노트에 공유. 지오지브라를 활용하여 프로젝트 수업을 진행하기 위해 서로의 자료를 원노트에 공유할 수 있다. 원노트에 지오지브라 웹 자료의 주소를 입력하면 자동으로 스크린샷을 가져오게 되어 있다. 또한 파워포인트에서도 지오지브라 앱을 내장시킬 수 있어서 프리젠테이션 도중 지오지브라를 자연스럽게 사용할 수 있다.

지오지브라를 활용하여 프로젝트 수업을 진행하는 모습

3차원 입체감을 위한 기능. 가상 현실, 증강 현실. 영화 마이너리티 리포트에 보면 주인공 탐크루즈가 이상한 장갑을 끼고 모션 인식 홀로그램 컴퓨터를 조작하는 모습이 나온다. 이것이 현실로 이루어질 수 있을까? 그와 같은 걱정은 더 이상 할 필요가 없을듯 하다. 지오지브라에서는 이미 구현된 기술이기 때문이다. 3차원 입체 안경, 모션 인식, 증강 현실. 2018년부터는 모든 마이크로 소프트 제품군에서도 증강 현실이 가능하다.[4]

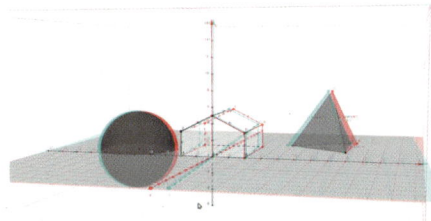 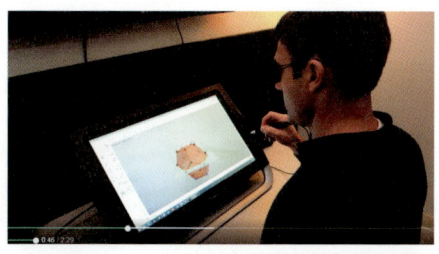

(a) Red/Cyan 안경을 쓰고 입체를 관찰   (b) zSpace로 가상현실 속에서 다면체 관찰

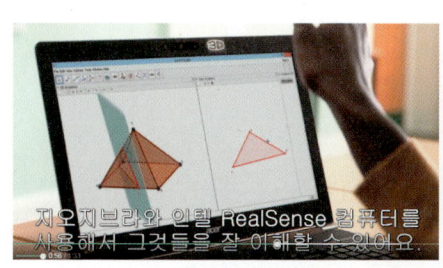 

(c) 모션 인식으로 지오지브라 대상 조작   (d) 증강 현실 속의 시어핀스키 사면체

지오지브라의 가상 현실, 증강 현실, 모션 인식

---

[4]2017년 현재에는 iOS 11 제품에서만 가능하다.

3D 프린터 출력. 앞에서까지의 기능은 가상 공간 속의 지오지브라 대상을 '거의 현실'까지 끌어내온 것이었다면 이제는 실물로 만들어내는 것이다. 얼마 전부터 지오지브라 3차원 기하창에서의 도형을 3D 프린터로 출력할 수 있게 되었다. 이제는 지오지브라의 가상 공간과 현실이 서로 긴밀하게 연결되게 된 것이다.

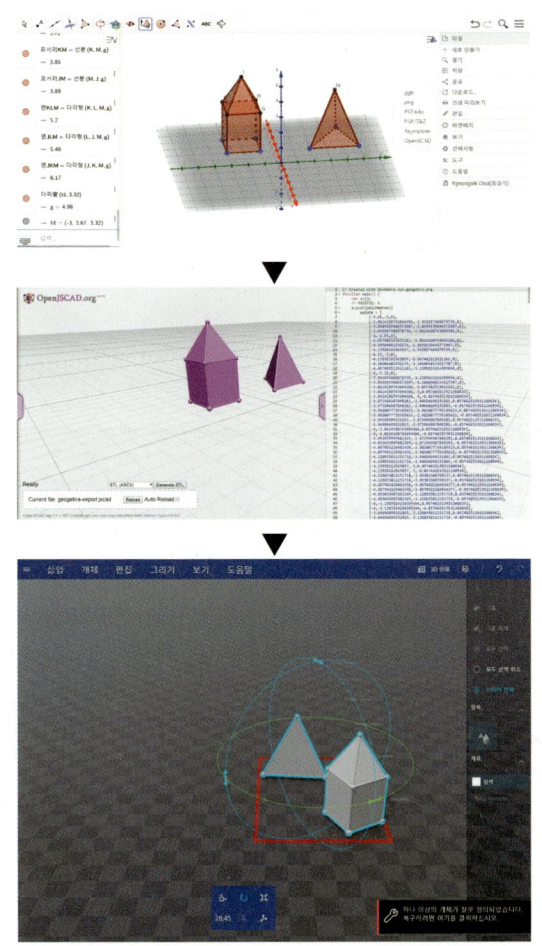

지오지브라의 3차원 대상을 STL로 변환하는 과정

미래의 수학 학습(교육)의 방향은?

앞으로 동적 수학은 현실과의 연계를 초점으로 둘 것 같다. 사실 처음 로고(LOGO)는 실물 로봇이었는데 그것이 컴퓨터 화면으로 들어간 이후 지속해서 수학적 대상의 조작은 컴퓨터 '안'에서 이루어졌다. 그런데 갑자기 그 가상적 대상들이 현실로 뛰쳐나오고 있다. 어쩌면 본래 현실에 있던 것이었는데 우리가 강제로 컴퓨터상에 집어넣었는지도 모르겠다.

이와 같은 흐름과 함께 앞으로의 수학 교육은 현실과의 연계성을 중심으로 둘 가능성이 높다. 현실과의 연계성이라고 하여 실생활 문제와 같은 응용문제를 생각하지는 말자. 그것은 전혀 현실적이지 못하다. 필자가 말하는 현실과의 연계성은 '융합'을 두고 하는 말이다. 하나의 대상, 하나의 지식은 본래 수학, 물리, 화학과 같이 분과적인 관점으로 존재하는 것이 아니라 다양한 관점이 결합되어 있는 것이다. 그 지식을 융합적 관점으로 바라보고 다양한 지식을 서로 연결하여 종합적으로 이해하는 데 수학이 포함될 것이다. 현재 학교 수학과는 많은 차이가 있을 것이다.

이와 같은 변화는 곧 나타날 것이고 그에 대비하기 위해서는 동적 수학에 대한 이해가 필수적이다. 대상을 융합적, 종합적으로 이해하는 데 동적 수학은 큰 도움을 줄 수 있기 때문이다. 이런 측면에서 지오지브라는 앞으로의 수학 교육에 있어 중요한 역할을 수행할 것으로 예상된다.

한국지오지브라연구소장
세종과학예술영재학교
최경식(kyeong@geogebra.or.kr)